Python

分析建设工程造价
数据实战

上海建科造价咨询有限公司　组织编写

冯　闻　主编

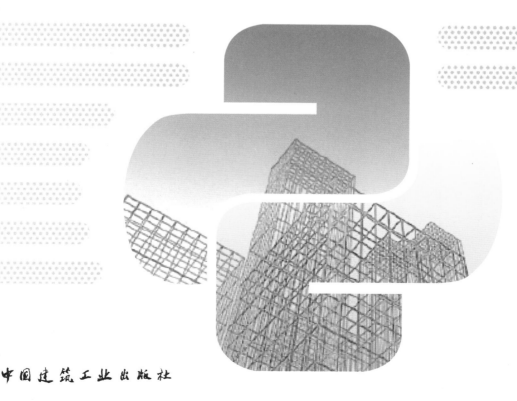

中国建筑工业出版社

图书在版编目（CIP）数据

Python分析建设工程造价数据实战／上海建科造价
咨询有限公司组织编写；冯闻主编. —北京：中国建
筑工业出版社，2021.9
ISBN 978-7-112-26430-8

Ⅰ.①P… Ⅱ.①上…②冯… Ⅲ.①软件工具—数据
处理—应用—建筑造价管理 Ⅳ.①TU723.3

中国版本图书馆CIP数据核字（2021）第157004号

建设工程造价数据种类繁多、数据量大，无论是开发商、承包商、咨询企业都缺少注重对
建设工程造价数据的收集、整理和分析。本书作者利用Python强大的大数据分析挖掘功能，根
据自己多年的实践经验，对建设工程造价数据进行分析挖掘。全书共分为四章，介绍了造价数
据的类别以及相应的指标内容，详细介绍了分类与预测、聚类分析、主成因分析、关联规则和
离群点检测等大数据分析挖掘方法，并结合实例进行了应用。本书内容精炼，理论联系实际，
具有较强的指导性和可操作性，可供建设工程造价从业人员参考使用。

责任编辑：王砾瑶　范业庶
责任校对：张惠雯

Python分析建设工程造价数据实战

上海建科造价咨询有限公司　组织编写
冯　闻主　编

*

中国建筑工业出版社出版、发行（北京海淀三里河路9号）
各地新华书店、建筑书店经销
北京锋尚制版有限公司制版
北京京华铭诚工贸有限公司印刷

*

开本：787毫米×1092毫米　1/16　印张：15　字数：234千字
2021年11月第一版　　2021年11月第一次印刷
定价：**149.00**元
ISBN 978-7-112-26430-8
（37811）

本书编写指导委员会

主　　任：胡昊
副 主 任：陈雷　　马燕　　江燕　　周红波
　　　　　林韩涵
委　　员：朱迪　　张诚　　徐雅芳　　夏　宁
　　　　　张永宽　　王艺蕾

本书编委会

主　　编：冯闻
编　　委（按姓氏拼音排序）：
　　　　　操春燕　　陈晴　　程海燕　　狄蓓蕾
　　　　　冯晓卿　　傅家全　　李玥　　潘惠剑
　　　　　王莉娟　　吴龑飞　　杨文君　　叶静茹
　　　　　郑超群　　周康敏　　周彦彤　　朱丽
组织编写：上海建科造价咨询有限公司

建设工程造价数据种类繁多、数据量大，在过去的时间里，无论是开发商、承包商、咨询企业，都没有很好地注重建设工程造价数据的收集、整理和分析。很多工程造价资料仅仅停留在纸质资料，尘封在资料箱中，随着时间的流逝，其价值没法真正体现出来。当然，也有资料是以excel或是电子计价文件形式独立存在，还不是真正的数据库，因此，无法进行系统的分析。

事实上，即使数据库建立好了，对于大数据工作来说，还只是刚刚开始。本书不讨论数据库如何建立，而是讨论对于数据库该如何分析挖掘。

在大数据分析挖掘方面，Python是一个很好的工具。Python语法和动态类型以及解释型语言的本质，使它成为多数平台上写脚本和快速开发应用的编程语言，成为"粘合剂"语言，将现有组件连接起来。Python众多的库资源，为大数据分析挖掘提供了很多便利。

然而，在现有Python数据分析挖掘研究中，对于金融、商业、医学等专业都有案例涉及，但对建设工程造价数据分析挖掘的案例非常少见。每个行业都有自身的特点，数据分析挖掘需要根据专业的不同，定制不同的分析挖掘方法，才能达到大数据分析挖掘的预期目的。

要做好造价数据分析挖掘，首先应该明确造价数据的类别以及主要指标，根据不同的类别、不同的指标，采用合适的数学方法进行分析挖掘。本书一方面介绍了造价数据的类别以及相应的指标内容；另一方面，详细介绍了分类与预测、聚类分析、主成因分析、关联规则和离群点检测等大数据分析挖掘方法，并结合实例进行了应用，为造价数据应该如何分析挖掘提出了一些具有建设性的方案。同时，本书也列举了一些常用的造价数据展示方法，如散点图、折线图、柱状图等。不同的图表样式，能够从不同的视角，直观地展示数据，好的图表能够一目了然，起到事半功倍的效果。

本书中的数据主要依据上海地区的工程项目和人工、材料、设备信息价格。由于专业能力有限，书中不免还有分析不到位的地方以及疏漏或错误，请读者见谅，并不吝指出。

源程序获取地址：https://gitee.com/feng_wen2001/con-cost/tree/master。

目 录

Contents

第 1 章　Python 数据分析简介

1.1　Python 的起源

Python由荷兰数学和计算机科学研究学会的Guido van Rossum于1990年代初设计，作为一门叫作ABC语言的替代品。Python提供了高效的高级数据结构，还能简单、有效地面向对象编程。Python语法和动态类型，以及解释型语言的本质，使它成为多数平台上写脚本和快速开发应用的编程语言，成为"粘合剂"语言，将现有组件连接起来。随着版本的不断更新和语言新功能的添加，逐渐被用于独立的、大型项目的开发。

Python解释器易于扩展，可以使用C或C++（或者其他可以通过C调用的语言）扩展新的功能和数据类型。Python也可用于可定制化软件中的扩展程序语言。Python丰富的标准库，提供了适用于各个主要系统平台的源码或机器码。Python简单、易学的语法强调可读性，因此可以降低程序的维护成本。

根据国际权威TIOBE编程语言排行榜，Python的使用几乎一直处于上升趋势，见图1.1-1。

程序语言	2021	2016	2011	2006	2001	1996	1991	1986
C	1	2	2	2	1	1	1	1
Java	2	1	1	1	3	22	-	-
Python	3	5	6	8	26	21	-	-
C++	4	3	3	3	2	2	2	8
C#	5	4	5	7	13	-	-	-
Visual Basic	6	13	-	-	-	-	-	-
JavaScript	7	7	10	9	9	24	-	-
PHP	8	6	4	4	11	-	-	-
SQL	9	-	-	-	38	-	-	-
R	10	17	28	-	-	-	-	-
Ada	33	27	17	16	20	8	4	2
Lisp	36	28	13	13	16	7	6	3
(Visual) Basic	-	-	7	5	4	3	3	5

图 1.1-1　程序语言排名

1.1.1 Python 的安装

本书使用的是Python3.8版本，读者可以根据自己的系统从Python官网https://www.python.org/downloads/下载合适的版本，注意区分32位和64位版本。

读者可以在官网上下载相关手册，了解Python的基本操作。

非程序员背景：https://wiki.python.org/moin/BeginnersGuide/NonProgrammers。

程序员背景：https://wiki.python.org/moin/BeginnersGuide/Programmers。

安装完成后，运行程序，可见图1.1-2。

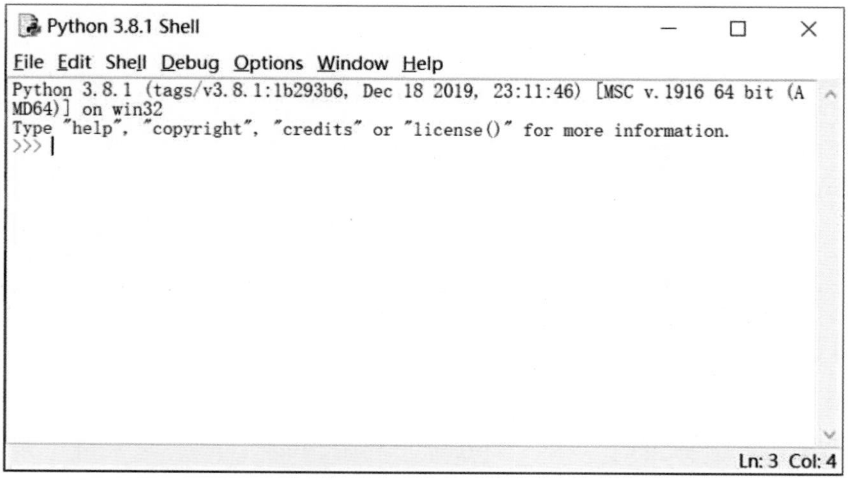

图 1.1-2 Python 运行界面

1.1.2 库的安装

pip是Python官方推荐的包管理工具。执行pip可以实现库的安装和卸载。具体步骤：

1. Win + R打开运行窗口，输入cmd回车，打开命令行窗口，见图1.1-3。

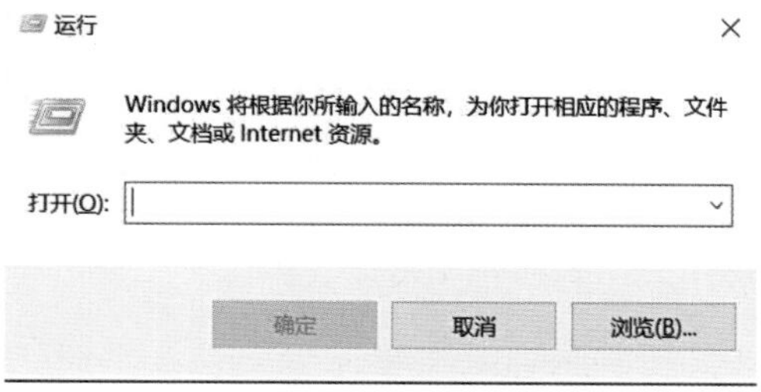

图 1.1-3 打开运行窗口

2. 找到pip所在路径，一般都在pythonxx\scripts目录下，见图1.1-4。

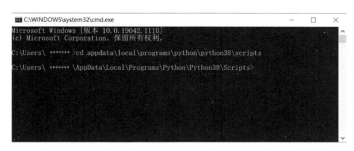

图 1.1-4 进入 pip 程序目录

3. 在命令行下输入pip install 库名称，即可以安装库，见图1.1-5。

图 1.1-5 安装库程序

1.2 库简介

1.2.1 NumPy

NumPy（Numerical Python）是Python的一种开源的数值计算扩展。这种工具可用来存储和处理大型矩阵，比Python自身的嵌套列表（nested list structure）结构要高效得多（该结构也可以用来表示矩阵（matrix）），支持大量的维度数组与矩阵运算。此外，也针对数组运算提供大量的数学函数库。

NumPy可以实现的科学计算，包括：（1）一个强大的N维数组对象Array；（2）比较成熟的（广播）函数库；（3）用于整合C/C++和Fortran代码的工具包；（4）实用的线性代数、傅里叶变换和随机数生成函数。NumPy和稀疏矩阵运算包scipy配合使用更加方便。

NumPy提供了许多高级的数值编程工具，如：矩阵数据类型、矢量处理，以及精密的运算库。

1.2.2 pandas

pandas是基于NumPy的一种工具，该工具是为解决数据分析任务而创建的。pandas纳入了大量库和一些标准的数据模型，提供了高效操作大型数据集所需的工具。pandas提供了大量能使我们快速、便捷地处理数据的函数和方法。你很快就会发现，它是使Python成为强大而高效的数据分析环境的重要因素之一。

pandas中常用的有Series、DataFrame。Series：一维数组，与Numpy中的一维array类似。两者与Python基本的数据结构List也很相近。Series如今能保存不同种数据类型，字符串、boolean值、数字等都能保存在Series中。DataFrame：二维的表格型数据结构。很多功能与R中的data.frame类似。可以将DataFrame理解为Series的容器。

1.2.3 matplotlib

matplotlib是Python的一个绘图库。它包含了大量的工具，你可以使用这些工具创建各种图形，包括简单的直方图、功率谱、条形图、错误图、散点图，正弦曲线，甚至是三维图形。Python科学计算社区经常使用它完成数据可视化的工作。

1.2.4 plotnine

R语言的ggplot2绘图能力超强，Python虽有matplotlib，但是语法臃肿、使用复杂、入门较难。seaborn的出现稍微改善了matplotlib的代码量问题，但是定制化程度依然需要借助matplotlib，使用难度依然很大。plotnine包，可以实现绝大多数

ggplot2的绘图功能，两者语法十分相似。R和Python的语法转换成本大大降低，读者可以在Python世界中体验下R语言的新奇感。

1.2.5　seaborn

seaborn是基于matplotlib的Python数据可视化库。它提供了一个高级界面，用于绘制引人入胜且内容丰富的统计图形，是在matplotlib上进行了更高级的API封装，从而使作图更加容易。

seaborn是针对统计绘图的，能满足数据分析90%的绘图需求，需要复杂的自定义图形还需要使用到matplotlib。

1.2.6　sklearn

自2007年发布以来，scikit-learn（简称sklearn）已经成为Python重要的机器学习库了，支持包括分类、回归、降维和聚类四大机器学习算法。还包括特征提取、数据处理和模型评估者三大模块。

sklearn是SciPy的扩展，建立在NumPy和matplotlib库的基础上。利用这几大模块的优势，可以大大地提高机器学习的效率。

sklearn拥有完善的文档，上手容易，具有丰富的API，在学术界颇受欢迎。sklearn已经封装了大量的机器学习算法，包括LIBSVM和LIBLINEAR。同时，sklearn内置了大量数据集，如：自带的小数据集（packaged dataset）、可在线下载的数据集（Downloaded Dataset）、计算机生成的数据集（Generated Dataset）等，节省了获取和整理数据集的时间。

1.2.7　Folium

Folium是建立在Python生态系统的数据整理（Datawrangling）能力和Leaflet.js库的映射能力之上的开源库。用Python处理数据，然后用Folium将它在Leaflet地图上进行可视化。Folium能够将通过Python处理后的数据轻松地在交互式的Leaflet地图上进行可视化展示。它不单单可以在地图上展示数据的分布图，还可以使用

Vincent/Vega在地图上加以标记。

这个开源库中有许多来自OpenStreetMap、MapQuest Open、MapQuestOpenAerial、Mapbox和Stamen的内建地图元件，而且支持使用Mapbox或Cloudmade的API密钥来定制个性化的地图元件。Folium支持GeoJSON和TopoJSON两种文件格式的叠加，也可以将数据链接到这两种文件格式的叠加层，最后可使用color-brewer配色方案创建分布图。

Folium库绘制热点图的时候，需要联网才可显示。

1.2.8　Keras

Keras是一个由Python编写的开源人工神经网络库，可以作为Tensorflow、Microsoft-CNTK和Theano的高阶应用程序接口，进行深度学习模型的设计、调试、评估、应用和可视化。

Keras在代码结构上由面向对象方法编写，完全模块化并具有可扩展性，其运行机制和说明文档将用户体验和使用难度纳入考虑，并试图简化复杂算法的实现难度。Keras支持现代人工智能领域的主流算法，包括前馈结构和递归结构的神经网络，也可以通过封装参与构建统计学习模型。在硬件和开发环境方面，Keras支持多操作系统下的多GPU并行计算，可以根据后台设置转化为Tensorflow、Microsoft-CNTK等系统下的组件。

Keras的神经网络API是在封装后与使用者直接进行交互的API组件，在使用时可以调用Keras的其他组件。除数据预处理外，使用者可以通过神经网络API实现机器学习任务中的常见操作，包括人工神经网络的构建、编译、学习、评估、测试等。

1.3　基本构成

1.3.1　数据结构

1．元组

元组是一种固定长度、不可变的Python对象序列。创建元组最简单的方法就是以逗号分隔序列值。

In[1]: t=1,2,3

In[2]: t

Out[2]: (1,2,3)

与Python中几乎所有数据结构类似，元组有内建的索引，利用它可以读取元组的单个或多个元素。Python使用零起点编号。

In[3]: t[0]

Out[3]: 1

In[4]: t[1:]

Out[4]: (2,3)

可以使用tuple函数将任意序列或迭代器转换为元组：

In[5]: tuple([1,2,3])

Out[5]: (1,2,3)

元组一旦创建，各个位置的对象是无法修改的。但也有特例，如元组中的列表，可以在内部进行修改。

In[6]: t=tuple(['apple',[1,2],False])

In[7]: t[1]. append(3)

In[8]: t

Out[8]: ('apple',[1,2,3],False)

2．列表

与元组不同，列表比较灵活，它的长度是可变的，所含的内容也是可修改的。列表对象通过方括号[ ]定义，也可以使用list函数定义或者转换。

In[9]: list1=[1,2,3,4,5,6,7,8,'高层住宅']

In[10]: list1

Out[10]: [1,2,3,4,5,6,7,8,'高层住宅']

列表的主要操作和方法见表1.3-1。

列表的主要操作和方法   表 1.3-1

方法	参数	返回 / 结果	举例
list1[i]	[i]	索引号为 i 的元素	In: list1[8] In: list1 Out: [' 高层住宅 ']
list1[i:j:k]=x	[i:j:k]	用 x 代替从 i 到 j-1 号元素中的每第 k 个元素	In: list1[0:6:2]=['a','b','c'] In: list1 Out: ['a', 2, 'b', 4, 'c', 6, 7, 8, ' 高层住宅 ']
append	(x)	在对象后添加 x	In: list1.append(' 多层住宅 ') In: list1 Out: [1, 2, 3, 4, 5, 6, 7, 8, '高层住宅 ', '多层住宅 ']
count	(x)	统计对象 x 出现的次数	In: list1.count(' 高层住宅 ') In: list1 Out: 1
del list1[i:j:k]	[i:j:k]	删除索引值为 i 到 j-1 号元素中的每第 k 个元素	In: del list1[0:6:2] In: list1 Out: [2, 4, 6, 7, 8, ' 高层住宅 ', 'apple']
extend	(x)	将 x 的所有元素附加到对象	In: list1.extend([' 多层住宅 ',' 别墅 ']) In: list1 Out: [1, 2, 3, 4, 5, 6, 7, 8, '高层住宅 ', '多层住宅 ', ' 别墅 ']
index	(x,i,j)	元素 i 和 j-1 之间第一个 x 的索引	In: list1.index(2,0,4) In: list1 Out: 1
insert	(i,x)++	在索引 i 之前插入 x	In: list1.insert(8,' 多层住宅 ') In: list1 Out: [1, 2, 3, 4, 5, 6, 7, 8, '多层住宅 ', '高层住宅 ']
remove	(i)	删除索引为 i-1 的元素	In: list1.remove(7) In: list1 Out: [1, 2, 3, 4, 5, 6, 8, ' 高层住宅 ']
pop	(i)	删除索引为 i 的元素并返回之	In: list1.pop(7) Out: 8

续表

方法	参数	返回/结果	举例
reverse	()	颠倒所有元素的顺序	In: list1.reverse() In: list1 Out: [' 高层住宅 ', 8, 7, 6, 5, 4, 3, 2, 1]
sort	()	所有元素排序	In: list2=list1[0:6] In: list2.sort() In: list2 Out: [1, 2, 3, 4, 5, 6]

3．字典

字典是Python数据结构的重要内容，字典对象可以按照键码读取的数据字典，也是一种可变序列。字典是拥有灵活尺寸的键值对集合，其中键和值都是Python对象。大括号{ }是创建字典的一种方式，在字典中用逗号将键值对分隔：

In[11]: dict1={'类型': '商品住宅', '层数': '多层', '结构类型': '框架', '造价（元/m2）': 2300, '时间': '2020年', '地点': '上海'}

In[12]: dict1

Out[12]: {'类 型': '商 品 住 宅', '层 数': '多 层', '结 构 类 型': '框 架', '造价（元/m2）': 2300, '时间': '2020年', '地点': '上海'}

此处，对造价中常见单位m^2、m^3做个说明。在图表中显示轴名称和刻度的时候，m^2、m^3都已经做了上标处理，但为了方便运行，数据文件中的m^2、m^3都未进行上标处理。

字典的主要操作和方法见表1.3-2。

字典的主要操作和方法　　　　　　　　表 1.3-2

方法	参数	返回/结果	举例
dict1[x]	[x]	dict1 中键码为 x 的项目	In: dict1[' 类型 '] Out: ' 商品住宅 '
dict1[x]=y	[x]	将键码为 x 的项目设置为 y	In: dict1[' 类型 ']=' 保障房 ' In: dict1 Out: {'类型':'保障房','层数': '多层','结构类型': '框架','造价（元/m2）': 2300, '时间': '2020年', '地点': '上海'}

续表

方法	参数	返回 / 结果	举例
del dict1[x]	[x]	删除键码为 x 的项目	In: del dict1['类型'] In: dict1 Out: {'层数': '多层', '结构类型': '框架', '造价（元/m2）': 2300, '时间': '2020年', '地点': '上海'}
clear	()	删除所有项目	In: dict1.clear() In: dict1 Out: {}
copy	()	建立一个拷贝	In: dict1.copy() Out: {'类型': '商品住宅', '层数': '多层', '结构类型': '框架', '造价（元/m2）': 2300, '时间': '2020年', '地点': '上海'}
items	()	所有键 - 值对的拷贝	In: dict1.items() Out: dict_items([('类型', '商品住宅'), ('层数', '多层'), ('结构类型', '框架'), ('造价（元/m2）', 2300), ('时间', '2020年'), ('地点', '上海')])
iteritems	()	所有项目的迭代器	In: Out:
iterkeys	()	所有键码的迭代器	In: Out:
itervalues	()	所有值的迭代器	In: Out:
keys	()	所有键码的拷贝	In: dict1.keys() Out: dict_keys(['类型', '层数', '结构类型', '造价（元/m2）', '时间', '地点'])
popitem	[x]	返回并删除键码为 x 的项目（一般删除末尾的"键值对"）	In: dict1.popitem() Out: ('地点', '上海')
update	([z])	用来自 z 的项目更新字典项目	In: dict1.update({'类型':'商品住宅','层数':'多层','结构类型':'框架','造价（元/m2）':2280,'时间':'2020年','地点':'北京'}) In: dict1 Out: {'类型': '商品住宅', '层数': '多层', '结构类型': '框架', '造价（元/m2）': 2280, '时间': '2020年', '地点': '北京'}
values	()	所有值的拷贝	In: dict1.values() Out: dict_values(['商品住宅', '多层', '框架', 2300, '2020年', '上海'])

可以使用对items、keys、values使用循环，分别获得所有项目、键和值。

In[13]: for item in dict1.items():

```
    print(item)
```
Out[13]:

('类型', '商品住宅')

('层数', '多层')

('结构类型', '框架')

('造价（元/ m2）', 2300)

('时间', '2020年')

('地点', '上海')

1.3.2 控制语句

1．if 语句

当条件成立时运行语句块。经常与else，elif（相当于else if）配合使用。

```
score = float(input("请输入0-100 之间的分数："))
grade = ''
if score>100 or score<0:
    score = float(input("输入错误！请重新输入"))
else:
    if score>=90:
        grade = 'A'
    elif score>=70:
        grade = 'B'
    elif score>=60:
        grade = 'C'
    else:
        grade = 'D'
print("分数为{0},等级为{1}".format(score,grade))
```

2．for 语句

遍历列表、字符串、字典、集合等迭代器，依次处理迭代器中的每个元素。

in语句，判断一个对象是否在一个字符串/列表/元组里。

```
for i in range（1，5）:
    print (i)
else :
    print ('结束')
```

3．while 语句

当条件为真时，循环运行语句块。

```
i = 5
while i > 0:
    print(i)
    i -= 1
```

4．break 语句

用于while和for循环，用来结束整个循环。当有嵌套循环时，break语句只能跳出最近一层的循环。

```
while True:
    s = (input('请输入任意内容: '))
    if s == 'end':
        break
    print('字符长度为：', len(s))
print('完成')
```

5．continue 语句

用于结束本次循环，继续下一次。多个循环嵌套时，continue也是应用于最近的一层循环。

```
while True:
    s = (input('请输入任意内容: '))
```

```
if s == 'end':
        continue
    print('字符长度为：', len(s))
```

6．try 语句

与except、finally配合使用，处理在程序运行中出现的异常情况。Raise语句，手动设置异常。

```
try:
    a = input("输入一个数a：")
    if(not a.isdigit()):
        raise ValueError("a必须是数字")
except ValueError as e:
    print("输入异常：",repr(e))
```

7．yield 语句

在迭代器函数内使用，用于返回一个元素。自从Python 2.5版本以后，这个语句变成一个运算符。def语句，用于定义函数和类型的方法。

```
def fab(max):
    n, a, b = 0, 0, 1
    while n < max:
        yield b
        a, b = b, a + b
        n = n + 1
for n in fab(5):
    print (n)
```

8．pass 语句，表示此行为空，不运行任何操作。

```
for letter in 'Python':
    if letter == 'h':
        pass
```

print('这是 pass 占位')

print ('当前字母 :', letter)

1.3.3 重要函数

在Python中，函数的使用很灵活。Python主要有三种函数类型，分别为自定义函数、匿名函数和内置函数。Python之所以能够进行大数据分析，函数所起的作用不可忽视。如调用lambda函数时，计算机不会占用栈内存，从而提高运行效率；map、filter、reduce等函数尽量避免for循环语句，使程序更加简洁、快速。这些对于大数据处理来说，都至关重要（表1.3-3）。

函数的主要操作和方法 表 1.3-3

类型		语法	实例
自定义函数	def	def 函数名称（形式参数）： 函数体 Return [表达式]	In: def cube(x): In: cube=x*x*x In: return cube In: print(cube(3)) Out: 27
匿名函数	lambda	lambda[参数 1[, 参数 2,…,参数 n]]: 表达式	In: cube=lambda x:x*x*x In: print(cube(3)) Out: 27
内置函数	filter()	filter(布尔函数，序列)	In: a=filter(lambda x:x<3,range(0,5)) In: a=list(a) In: print(a) Out: [0, 1, 2]
	list()	list(对象)	In: list(range(10)) Out: [0, 1, 2, 3, 4, 5, 6, 7, 8, 9]
	map()	map(function，序列 1[,序列 2,…,序列 n])	In: a=map(lambda x:x*x*x,range(1,3)) In: a=list(a) In: print(a) Out: [1, 8]
	reduce()	reduce (function，序列 1[, 初始值])	In: a=reduce(lambda x,y:x*y,range(1,5)) In: print(a) Out: 24 * 需 from functools import reduce
	zip()	zip(对象)	In:x = [1, 2, 3] In:y = [4, 5, 6] In:zipped=zip(x, y) In:list(zipped) Out:[(1, 4), (2, 5), (3, 6)]

1.3.4　运行效率

Python的运行效率与程序语句关系密切，同样的计算内容，运用不同的库，效果完全不同。下面的案例中，我们对数学表达式

$$y = \sqrt{|\cos 2x|} + \sin(3 + 4x)$$

进行100万次代入计算，用range()函数生成100万个数值的列表。

方法❶是用循环程序把列表中的数据代入公式，逐一生成结果。

方法❷同样运用循环程序，但是少了一步将计算结果加入列表的过程，直接返回所有计算结果。

方法❸应用NumPy向量化技术，数据数组是一个ndarray对象而不是列表对象。程序中没有循环，循环发生在NumPy内部，从而提高效率。

方法❹采用专用库numexpr的单线程方法。

方法❺采用专用库numexpr的多线程方法。

代码清单 1.3.4　运行效率测试

```
def perf_speed(func_list,data_list,rep=3,number=1):
    from timeit import repeat
    res_list={}
    for name in enumerate(func_list):
        stmt=name[1]+'('+data_list[name[0]]+')'
        setup="from __main__ import "+name[1]+','+data_list[name[0]]
        results=repeat(stmt=stmt,setup=setup,repeat=rep,number=number)
        res_list[name[1]]=sum(results)/rep
    res_sort=sorted(res_list.items(),key=lambda k_v:k_v[1])# 按第二列关键字排
序，如果是降序，添加 reverse=True
    print(res_sort)
```

```
    for item in res_sort:
        rel=item[1]/res_sort[0][1]
            print(' 性能：'+item[0]+', 平均时间（秒）：%9.5f,'%item[1]+' 相对倍
数：%6.1f'%rel)

from math import *
def f(x):
    return abs(cos(2*x))**0.5+sin(3+4*x)
I=1000000
a_py=range(I)


def f1(a):
    res=[]
    for x in a_py:
        res.append(f(x))
    return res


def f2(a):
    return [f(x) for x in a]


import numpy as np
a_np=np.arange(I)
def f3(a):
    return (np.abs(np.cos(2*a))**0.5+np.sin(3+4*a))
```

```
import numexpr as ne
def f4(a):
    ex='abs(cos(2*a))**0.5+sin(3+4*a)'
    ne.set_num_threads(1)
    return ne.evaluate(ex)


def f5(a):
    ex='abs(cos(2*a))**0.5+sin(3+4*a)'
    ne.set_num_threads(16)
    return ne.evaluate(ex)


func_list=['f1','f2','f3','f4','f5']
data_list=['a_py','a_py','a_np','a_np','a_np']


perf_speed(func_list,data_list)
```

运行结果：

性能：f5，平均时间（秒）：0.01130，相对倍数： 1.0

性能：f4，平均时间（秒）：0.02344，相对倍数： 2.1

性能：f3，平均时间（秒）：0.03807，相对倍数： 3.4

性能：f2，平均时间（秒）：0.58625，相对倍数：51.9

性能：f1，平均时间（秒）：0.63982，相对倍数：56.6

从计算结果可以看到，使用循环的程序运行速度较慢；NumPy要比循环快10倍以上；专用库numexpr多线程方法速度最快，比循环快50倍以上。因此，对于大数据计算来说，程序的选择非常重要，我们没有感受到其中的区别，只是因为数据还不够大。

1.4 小试牛刀

　　造价工作是一个与数据密切相关的工作。传统的做法，从展开图纸计算工程量开始，到输入计价软件，形成计价文件，生成报表，每一个步骤都离不开数据。现在，很多专业工程师开始采用建模或者工程量计算软件的方法，每个步骤更离不开数据，无非是数据导进、导出，最后还是生成报表。

　　就工程量清单而言，报表可以包括分部分项工程费汇总表、分部分项工程量清单与计价表、分部分项工程量清单综合单价分析表、措施项目清单与计价汇总表、其他项目清单汇总表、暂列金额明细表、材料及工程设备暂估价表、专业工程暂估表、计日工表、总承包服务费计价表、主要人工、材料、机械及工程设备数量与计价一览表等。但是，所有表中最基础的就是主要人工、材料、机械及工程设备数量与计价一览表，每一个工程量清单的组成都离不开最基本的人工、材料、机械三要素。相信每个专业工程师都有在计价软件中录入工程量，然后使用一键载价的经历。其实，一键载价的功能没有大家想象的那么难，采用Python中的字典和map()函数，是很容易实现的。

　　接下来的案例希望给大家带来兴趣，并开启学习Python之路。

工程量表　　　　　　　　　　　　表 1.4–1

材料	编码	单位	工程量
成型钢筋	1001	t	100
水泥	1002	t	150
黄砂	1003	t	120
成型钢筋	1001	t	50
塑钢窗	1004	扇	10

材料价格表　　　　　　　　　　　表 1.4–2

材料	编码	单位	单价（元）
成型钢筋	1001	t	3950
水泥	1002	t	380
黄砂	1003	t	100
塑钢窗	1004	扇	450

配价结果表　　　　　　　　　　　　表 1.4-3

材料	编码	单位	工程量	单价（元）	合计（元）
成型钢筋	1001	t	100	3950	395000
水泥	1002	t	150	380	57000
黄砂	1003	t	120	100	12000
成型钢筋	1001	t	50	3950	197500
塑钢窗	1004	扇	10	450	4500

代码清单 1.4.1　材料配价

```python
import pandas as pd

from pandas import Series, DataFrame

#xls 路径

xlsx_path='../bq/ 材料配价 .xlsx'

# 结构化 excel，形成 db 和 db1

db=pd.DataFrame(pd.read_excel(xlsx_path,sheet_name=0))

db1=pd.DataFrame(pd.read_excel(xlsx_path,sheet_name=1))

# 把 db1 中的数据转换成字典

t=db1.set_index(" 编码 ").to_dict()[" 单价 "]

#db 中需要匹配的内容（编码一样的情况下，把价格填到单价中）

db3=db[' 编码 ']

#db 中添加单价字段，db3 和 t 中的数据按照编码进行匹配，并更新

db[' 单价 ']=db3.map(t)

# 更新合计

db[' 合计 ']=db[' 单价 ']*db[' 工程量 ']

print(db)

# 把结果输出到 excel 中

summaryDataFrame = pd.DataFrame(db)

summaryDataFrame.to_excel('../bq/ 材料配 价结果 .xlsx',encoding='utf-8',index=Fa-

lse,header=True,sheet_name=' 配价结果 ')# 需要安装 openpyxl
```

是不是小有成就？

那就趁热打铁，我们继续。

不管是政府管理部门、开发商、承包商、造价咨询企业，每年都有很多项目实施，加上已经完成的项目，需要在地图上展示。作为企业来说，更需要有这样的展示方式向客户介绍自己的业绩，大家是不是有同感呢？不要急，学了下面的案例，你今后的展示将会更酷炫。

项目数量表　　　　　　　　　　表 1.4-4

省（区、市）	项目数量
上海	50
广西	30
天津	20
浙江	5
江苏	5
安徽	2
海南	3
新疆	1
内蒙古	1
江西	2
四川	1

代码清单 1.4.2　项目分布简易显示

```
import pandas as pd
from pyecharts import Map
import os
#pip install pyecharts==0.1.9.4,pip install echarts-countries-pypkg
# 列表案例
#value=[100,30,20,10,10,5,5,1]
#attr=[" 上海 "," 广西 "," 天津 "," 江苏 "," 浙江 "," 海南 "," 江西 "," 新疆 "]
# 读取文件案例
```

```
os.chdir('../bq/')
data=pd.read_excel(' 项目分布简易显示 .xlsx')
#df=data.loc[:,' 省市 '].values# 形成省市列表，具体可以查阅 pandas 操作 Excel 的行列
df=data[' 省市 '].values# 和上句效果一样
df1=data.loc[:,' 项目数量 '].values# 形成项目数量列表
print(df,df1)
map=Map(" 中国地图 ",width=800,height=600)
map.add(" 项 目 数 量 统 计 ",df,df1,maptype="china",is_visualmap=True,visual_
text_color="#000",is_label_show=True)
map.render()
```

如果上面的展示案例，你觉得还不够炫，那我们升升级。但前提是我们必须深入学习了！为了让项目的位置更加精确，我们这次添加了经纬度；同时，为了让展示的内容更丰富，我们整理了一下项目的基本信息。这一次，我们让Folium库帮我们实现新目标。

项目情况表　　　　　　　　　　　　表 1.4–5

项目名称	项目类型	纬度（lat）	经度（lon）
上海新国际博览中心	会展建筑	31.2124	121.5644
国家会展中心	会展建筑	31.1915	121.2973
上海交通大学	学校	31.2011	121.4287
上海师范大学	学校	31.1629	121.4115
上海体育场	体育建筑	31.1833	121.4373
建国宾馆	宾馆	31.1915	121.4338
华亭宾馆	宾馆	31.18354	121.4308
中山医院	医院	31.19976	121.4491
龙华医院	医院	31.1901	121.4458

代码清单 1.4.3　项目分布热力图

```
import numpy as np

import pandas as pd

import os

import folium

import webbrowser

from folium import plugins

from folium.plugins import HeatMap# 需要提供经度纬度数据

posi=pd.read_excel('../bq/ 项目地址 .xlsx',0)# 读取表 1 的数据

db=pd.DataFrame(posi).shape[0]# 为了统计行数，读取数据表，和下面一行可
以合并。读取列数 shape[1]

data = posi.iloc[0:db, :]

# 创建特征

incidents = folium.map.FeatureGroup()

pro_map = folium.Map(location=[31.2,121.5], zoom_start=12)


# 遍历数据，定义项目点

for lat, lng, in zip(data.lat, data.lon):

    incidents.add_child(

        folium.CircleMarker(

            [lat, lng],

            radius=7, # 定义项目点的大小

            color='yellow',

            fill=True,

            fill_color='red',

            fill_opacity=0.4
```

```
        )
    )
# 地图中增加一个事件
pro_map.add_child(incidents)


# 增加弹出标签
latitudes = list(data.lat)
longitudes = list(data.lon)
项目名称 = list(data. 项目名称 )
项目类型 =list(data. 项目类型 )
# 原先这个字段取名 add,data.add 一直出错 'method' object is not iterable， add
让程序产生误解
for lat, lng, name,types in zip(latitudes, longitudes, 项目名称 , 项目类型 ):
    print(name)
    folium.Marker([lat, lng],tooltip=[name,types]).add_to(pro_map)
# 地图中增加一个事件
pro_map.add_child(incidents)


# 创建标签族
incidents = plugins.MarkerCluster().add_to(pro_map)
# 遍历数据，对标签进行定义
for lat, lng, name,types in zip(data.lat, data.lon, data. 项目名称 ,data. 项目类型 ):
    folium.Marker(
        location=[lat, lng],
        icon=None,
        tooltip=[name,types],
```

```
        ).add_to(incidents)
# 地图中增加一个事件
pro_map.add_child(incidents)


import json
import requests
url='https://geo.datav.aliyun.com/areas_v2/bound/310000.json'# 导入网页，免费
json 生成网页 http://datav.aliyun.com/tools/atlas/#&lat=31.441552202355776&lng
=121.42776489257811&zoom=9
sh_geo = f'{url}'
pro_map = folium.Map(location=[31.2,121.5], zoom_start=12)
folium.GeoJson(
    sh_geo,
    style_function=lambda feature: {
        'fillColor': '#ffff00',
        'color': 'black',
        'weight': 2,
        'dashArray': '5, 5'
    }
).add_to(pro_map)
pro_map.add_child(incidents)# 该语句是添加图层的作用


file_path ='../bq/ 项目地址 .html'
pro_map.save(file_path)     # 保存为 html 文件
webbrowser.open('file://' + os.path.realpath(file_path)) # 默认浏览器打开
```

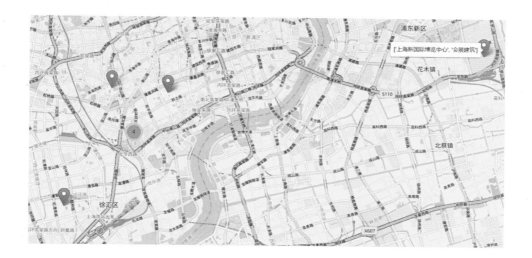

第 2 章　建设工程造价数据的性质

2.1　造价数据的重要性

建筑业在国民经济中有着举足轻重的地位。2019全年，我国建筑业总产值248446亿元，同比增长5.7%（2018年建筑业总产值约235000亿元）。在固定资产投资价格方面，建筑安装工程2019年同比增长2.8%，其中材料费、人工费、机械使用费分别同比增长2.6%、3.9%、1.7%。建筑材料及非金属类购进价格在2019年12月份同比增长2.8%，2019全年同比增长4.2%。

造价数据是统计建筑业总产值的重要依据，建立建设工程造价指标指数对于行业数据统计非常有必要。同时，建设工程造价指标指数能够反映不同时期建设工程价格变动情况。对于建设单位和咨询单位来说，可以利用造价指标指数进行投资估算，通过运用同类工程的造价指标指数，估算出拟投资项目或设计项目的投资规模；对于承包商来说，可以运用造价指标指数来衡量自己的市场竞争能力，提高自己的中标概率；对于造价咨询企业来说，通过数据积累，可以提高企业服务能力和综合竞争实力。

建筑产品具有多样性的特点。与一般的工业部门所不同，建筑产品不具有单一性。它不可能像工业产品一样，在流水线上成批成量地生产，而是每一个建筑产品都有各自的特点，从设计到施工、从外表到内在、从功能到价值，都有所不同，不胜枚举。建筑产品的多样性，决定了建筑产品造价指标指数的统计方法不同于一般的商品，使其具有了多种不同的表现形式。

2.2　造价数据分类

建设工程类型可以分为：房屋建筑与安装工程、仿古建筑工程、市政工程、园林绿化工程、城市轨道交通工程、公路工程、水利工程、房屋修缮工程等。每一个类型又可以细分，如：房屋建筑与安装工程可以分为商品住宅、保障房、酒店式公寓、福利院、养老院、商业建筑、旅馆酒店建筑、文化建筑、卫生建筑、办公建筑、科研建筑、教学建筑、体育建筑、交通建筑、广播电影电视建筑、垃圾分类处理设施、公共厕所、纪念塔（碑）、汽车库、站房、物流仓库、粮库、冷库等（表2.2–1～表2.2–8）。

房屋建筑与安装工程分类表　　　　　　　表 2.2–1

名称	编码	一级名称	二级名称	三级名称
房屋建筑与安装工程A	A0101001	商品住宅	多层住宅	6层及6层以下
	A0102001		高层住宅	中高层（7～9层）
	A0102002			高层（10层及10层以上）
	A0103001		超高层住宅	建筑总高度100m以上
	A0104001		别墅	独栋别墅
	A0104002			联体别墅
	A0104003			叠拼别墅
	A0201001	保障房	多层住宅	6层及6层以下
	A0202001		高层住宅	中高层（7～9层）
	A0202002			高层（10层及10层以上）
	A0203001		超高层住宅	建筑总高度100m以上
	A0301001	酒店式公寓	多层酒店式公寓	6层及6层以下
	A0302001		高层酒店式公寓	中高层（7～9层）
	A0302002			高层（10层及10层以上）
	A0303001		超高层酒店式公寓	建筑总高度100m以上
	A0401001	福利院、养老院	多层	低层（1～3层）
	A0401002			多层（4～6层）
	A0402001		高层	中高层（7～9层）
	A0402002			高层（10层及10层以上）
	A0501000	商业建筑	购物中心（综合餐饮、超市、娱乐项目）	
	A0502000		会展中心	

续表

名称	编码	一级名称	二级名称	三级名称
房屋建筑与安装工程A	A0503000	商业建筑	超市及大卖场	
	A0504000		批发市场	
	A0505000		交易所	
	A0506000		餐厅	
	A0601000	旅馆酒店建筑	城市快捷酒店	
	A0602001		星级宾馆	五星
	A0602002			四星
	A0602003			三星及以下
	A0603000		度假村	
	A0701001	文化建筑	图书馆	市级
	A0701002			区级
	A0702000		博物馆	
	A0703000		展览馆	
	A0704000		艺术馆	
	A0705000		纪念馆	
	A0706000		文化馆	
	A0707000		科技馆	
	A0708000		美术馆	
	A0709000		档案馆	
	A0710000		音乐厅（歌剧院）	
	A0711000		舞蹈中心	
	A0712000		游乐场馆	
	A0713000		宗教寺院	
	A0701001	卫生建筑	综合医院	门诊楼
	A0801002			医技楼
	A0801003			病房楼
	A0802001		专科医院	门诊楼
	A0802002			医技楼
	A0802003			病房楼
	A0803000		康复医院	

续表

名称	编码	一级名称	二级名称	三级名称
房屋建筑与安装工程A	A0804001	卫生建筑	疾控中心	市级
	A0804002			区级
	A0805000		社区卫生中心	
	A0901001	办公建筑	写字楼（行政办公楼）	多层办公楼（6层及6层以下）
	A0901002			高层办公楼（6层以上）（建筑总高度24m以上）
	A0901003			超高层办公楼（建筑总高度100m以上）
	A0902001		商办楼	多层商办楼（6层及6层以下）
	A0902002			高层商办楼（6层以上）（建筑总高度24m以上）
	A0902003			超高层办公楼（建筑总高度100m以上）
	A1001001	科研建筑	科研楼	多层办公楼（6层及6层以下）
	A1001002			高层办公楼（6层以上）（建筑总高度24m以上）
	A1001003			超高层办公楼（建筑总高度100m以上）
	A1002001		天文台	光学天文台
	A1002002			射电天文台
	A1002003			空间天文台
	A1003000		物理研究所	
	A1004000		科创中心	
	A1101000	教学建筑	幼儿园、托儿所	
	A1102001		中小学教学楼	多层教学楼（6层及6层以下）
	A1102002			高层教学楼（6层以上）（建筑总高度24m以上）
	A1103001		高等学校教学楼	多层教学楼（6层及6层以下）
	A1103002			高层教学楼（6层以上）（建筑总高度24m以上）
	A1104001		高等学校行政楼	多层教学楼（6层及6层以下）
	A1104002			高层教学楼（6层以上）（建筑总高度24m以上）

名称	编码	一级名称	二级名称	三级名称
房屋建筑与安装工程A	A1105001	教学建筑	职业学校培训中心	多层教学楼（6层及6层以下）
	A1105002			高层教学楼（6层以上）（建筑总高度24m以上）
	A1201000	体育建筑	体育馆	
	A1202001		体育场	6万人以上
	A1202002			6万人以下
	A1203001		足球场	4万人以上
	A1203002			4万人以下
	A1204000		游泳馆（池）	
	A1205000		训练馆（场）	
	A1206000		赛马场	
	A1207000		赛车场	
	A1208001		滑雪场	室内
	A1208002			室外
	A1209000		水上运动中心	
	A1210000		高尔夫球场	
	A1211000		健身房	
	A1212000		其他运动场馆	
	A1301000	交通建筑	火车站	
	A1302000		客运中心	
	A1303000		轮渡站	
	A1304000		港口码头	
	A1305001		机场	飞行区
	A1305002			航站区
	A1305003			进出机场地面交通系统
	A1305004			综合体
	A1401000	广播电影电视建筑	电视塔（信号发射塔）	
	A1402000		电视台	
	A1403000		广播电台	
	A1404000		其他	
	A1500000	垃圾分类处理设施		

续表

名称	编码	一级名称	二级名称	三级名称
房屋建筑与安装工程A	A1600000	公共厕所		
	A1700000	纪念塔（碑）		
	A1801000	汽车库	地下汽车库	
	A1802000		高层汽车库	
	A1803000		复式汽车库	
	A1904000		敞开式汽车库	
	A1901000	厂房	普通单层厂房	
	A1902000		普通多层厂房	
	A1903000		普通高层厂房	
	A1904000		智能厂房	
	A2001000	站房	加油站	
	A2002000		变电站	
	A2003000		泵房（站）	
	A2004000		其他	
	A2101000	物流仓库	单层仓库	
	A2102000		多层仓库	
	A2200000	粮库		
	A2300000	冷库		

仿古建筑工程分类　　　　　　　　　　表 2.2-2

名称	编码	一级名称	二级名称	三级名称
仿古建筑工程B	B0101001	亭	三角亭	单檐
	B0101002			重檐
	B0102001		方亭	单檐
	B0102002			重檐
	B0103001		六角亭	单檐
	B0103002			重檐
	B0104001		八角亭	单檐
	B0104002			重檐
	B0105001		圆亭	单檐
	B0105002			重檐
	B0106001		扇亭	单檐
	B0106002			重檐

续表

名称	编码	一级名称	二级名称	三级名称
仿古建筑工程 B	B0107001	亭	海棠等诸式亭	单檐
	B0107002			重檐
	B0201000	廊	直廊	
	B0202000		曲廊	
	B0203000		回廊	
	B0204000		爬山廊	
	B0205000		叠落廊	
	B0206000		水廊	
	B0207000		桥廊	
	B0208000		复廊	
	B0301000	水榭与旱船	水榭	
	B0302000		旱船	
	B0401000	舫		
	B0501000	厅、堂	一般厅堂	
	B0502000		花厅	
	B0503000		荷花厅	
	B0601000	馆、轩、斋、室		
	B0701000	阁		
	B0801000	楼台	楼	
	B0802000		台	
	B0901000	塔	楼阁式塔	
	B0902000		密檐式塔	
	B0903000		喇嘛教式塔	
	B0904000		金刚宝座式塔	
	B0905000		单层塔	
	B1001000	园门	牌坊式门	
	B1002000		垂花门	
	B1003000		屋宇式门	
	B1004000		墙门	
	B1101000	花墙洞	瓦花墙	
	B1102000		其余花墙	
	B1201000	地穴门景	地穴	
	B1202000		门景	
	B1301000	石桥	梁式	
	B1302000		拱式	

市政工程分类表　　　　　表 2.2-3

名称	编码	一级名称	二级名称	三级名称
市政工程 C	C0101001	道路工程	快速路	设计速度 100km/h；四幅路
	C0101002			设计速度 100km/h；两幅路
	C0101003			设计速度 80km/h；四幅路
	C0101004			设计速度 80km/h；两幅路
	C0101005			设计速度 60km/h；四幅路
	C0101006			设计速度 60km/h；两幅路
	C0102001		主干路	设计速度 60km/h；四幅路
	C0102002			设计速度 60km/h；三幅路
	C0102003			设计速度 50km/h；四幅路
	C0102004			设计速度 50km/h；三幅路
	C0102005			设计速度 40km/h；四幅路
	C0102006			设计速度 40km/h；三幅路
	C0103001		次干路	设计速度 50km/h；两幅路
	C0103002			设计速度 50km/h；单幅路
	C0103003			设计速度 40km/h；两幅路
	C0103004			设计速度 40km/h；单幅路
	C0103005			设计速度 30km/h；两幅路
	C0103006			设计速度 30km/h；单幅路
	C0104001		支路	设计速度 40km/h；单幅路
	C0104002			设计速度 30km/h；单幅路
	C0104003			设计速度 20km/h；单幅路
	C0201001	桥梁工程	跨河桥	梁式桥
	C0201002			拱式桥
	C0201003			斜拉桥
	C0201004			悬索桥
	C0202001		立交桥	梁式桥（四车道）
	C0202002			梁式桥（六车道）
	C0202003			梁式桥（八车道）
	C0203001		城市下立交	明挖（四车道）
	C0203002			明挖（六车道）
	C0203003			顶进（四车道）
	C0203004			顶进（六车道）
	C0301001	给水管道工程	开槽埋管	钢管（ϕ108 ~ ϕ3020）
	C0301002			球墨铸铁管（DN100 ~ DN2000）
	C0301003			PE 管（公称外径 dn32 ~ dn1000）
	C0302001		顶管	土压平衡 ϕ1650 ~ ϕ4000
	C0302002			泥水平衡 ϕ600 ~ ϕ4000

续表

名称	编码	一级名称	二级名称	三级名称
市政工程C	C0303001	给水管道工程	顶管井	混凝土沉井法顶管井
	C0303002			SMW工法顶管井
	C0303003			钻孔桩＋旋喷桩顶管井
	C0304001		拖拉管	钢管（$DN200 \sim DN1000$）
	C0304002			PE管（公称外径$dn110 \sim dn1000$）
	C0305001		桥管	单跨（$DN200 \sim DN2000$）
	C0305002			多跨（$DN200 \sim DN2000$）
	C0401001	排水管道工程	开槽埋管	F型钢承口式钢筋混凝土管（$\phi600 \sim \phi3000$）
	C0401002			企口式钢筋混凝土管（$\phi1350 \sim \phi2400$）
	C0401003			承插式钢筋混凝土管（$\phi600 \sim \phi1200$）
	C0401004			HDPE管（$DN225 \sim DN2500$）
	C0401005			PVC-U管（$DN225 \sim DN400$）
	C0401006			增强聚丙烯管（$DN500 \sim DN1000$）
	C0401007			玻璃钢夹砂管（FRPM）（$DN300 \sim DN2500$）
	C0401008			球墨铸铁管（$DN300 \sim DN1200$）
	C0402001		顶管	土压平衡$\phi1650 \sim \phi4000$
	C0402002			泥水平衡$\phi600 \sim \phi4000$
	C0403001		顶管井	混凝土沉井法顶管井
	C0403002			SMW工法顶管井
	C0403003			钻孔桩＋旋喷桩顶管井
	C0404001		拖拉管	钢管$DN100 \sim DN1000$
	C0404002			PE管（公称外径$dn110 \sim dn1000$）
	C0405001		排水箱涵	单孔
	C0405002			双孔
	C0501001	越江隧道与地下通道工程	隧道与地下通道	敞开段
	C0501002			暗埋段
	C0501003			盾构段
	C0501004			工作井
	C0601001	燃气管道工程	直埋工程	铸铁管（$DN100 \sim DN700$）
	C0601002			钢管（$DN100 \sim DN800$）
	C0601003			聚乙烯管（$D110 \sim D400$）
	C0602001		顶管穿越	钢管（$DN800 \sim DN1200$）
	C0603001		定向钻穿越	钢管（$DN200 \sim DN800$）
	C0603002			聚乙烯管（$D200 \sim D400$）

续表

名称	编码	一级名称	二级名称	三级名称
市政工程 C	C060401	燃气管道工程	桥管工程	钢管（DN300～DN700）
	C060501		旧管道内穿管	钢管（DN200～DN800）
	C060502			聚乙烯管（D110～D400）
	C070101	路灯工程	直埋	配电设备
	C070102			灯杆灯具
	C070103			线缆工程
	C070201		架空	配电设备
	C070202			灯杆灯具
	C070203			线缆工程

园林工程分类表　　　　　　　　　　　　　　　　表 2.2-4

名称	编码	一级名称	二级名称	三级名称
园林工程 D	D0101000	公园绿地	综合公园	
	D0102000		社区公园	
	D0103000		专类公园	
	D0104001		专类公园	动物园
	D0104002			植物园
	D0104003			历史名园
	D0104004			遗址公园
	D0104005			游乐公园
	D0104006			其他专类公园
	D0105000		游园	
	D0200000	防护绿地		
	D0300000	广场用地		
	D0401000	附属绿地	居住用地附属绿地	
	D0402000		公共管理与公共服务设施用地附属绿地	
	D0403000		商业服务业设施用地附属绿地	
	D0404000		工业用地附属绿地	
	D0405000		物流仓储用地附属绿地	
	D0406000		道路与交通设施用地附属绿地	
	D0407000		公用设施用地附属绿地	
	D0501001	区域绿地	风景游憩绿地	风景名胜区
	D0501002			森林公园
	D0501003			湿地公园
	D0501004			郊野公园
	D0501005			其他风景游憩绿地
	D0502000		生态保育绿地	
	D0503000		区域设施防护绿地	
	D0504000		生产绿地	

城市轨道交通工程分类表 表 2.2-5

名称	编码	一级	二级	三级
轨道交通工程E	E0101001	车站	地下车站	车站主体
	E0101002			出入口通道
	E0101003			风道风井
	E0101004			车站建筑装修
	E0101005			车站附属设施
	E0102001		高架车站	桥梁结构
	E0102002			车站房屋
	E0102003			建筑装饰
	E0102004			车站设施
	E0103001		地面车站	路基
	E0103002			桥梁结构
	E0103003			车站房屋
	E0103004			建筑装饰
	E0103005			车站设施
	E0201001	区间土建	地下区间	盾构区间
	E0201002			明挖区间
	E0201003			暗挖区间
	E0201004			盖挖区间
	E0202001		高架区间	单线桥
	E0202002			双线桥
	E0202003			多线桥
	E0202004			特殊节点桥
	E0203001		地面区间	路基
	E0203002			涵洞
	E0203001		特殊区间	出入段区间
	E0203002			与国铁联络线区间
	E0203003			特殊路基过渡段区间
	E0301001	轨道	正线	铺轨
	E0301002			铺道岔
	E0301003			铺道床
	E0302001		车辆段与综合基地	铺轨
	E0302002			铺道岔
	E0302003			铺道床
	E0303001		线路有关工程	有关工程
	E0303002			线路备料
	E0303003			铺轨基地
	E0401001	通信	正线	专用通信系统
	E0401002			公安通信系统

续表

名称	编码	一级	二级	三级
轨道交通工程E	E0501001	信号		正线
	E0501002			控制中心
	E0501003			车辆段与停车场
	E0501004			试车线
	E0501005			车载设备
	E0501006			维修与培训中心
	E0601001	供电	变电所（站）	主变电站
	E0601002			降压变电所
	E0601003			牵引变电所
	E0601004			跟随变电所
	E0601005			混合变电所
	E0601006			开闭变电所
	E0602001		环网电缆工程	
	E0603001		接触网（轨）	接触网
	E0603002			接触轨
	E0604001		动力照明	车站照明
	E0604002			区间照明（含风井）
	E0605001		电力监控系统	车站
	E0605002			控制中心
	E0605003			车辆基地
	E0606001		杂散电流防护	正线
	E0606002			车辆段
	E0607001		接地系统	
	E0608001		供电车间	
	E0701001	综合监控		车站
	E0701002			运营控制中心
	E0701003			车辆段及综合基地
	E0801001	防灾报警、环境与设备监控	防灾与报警（FAS）	车站
	E0801002			运营控制中心
	E0801003			车辆段及综合基地
	E0801004			主变电站
	E0802001		环境与设备监控（BAS）	车站
	E0802002			运营控制中心
	E0802003			车辆段及综合基地
	E0901001	安防及门禁	安防系统	车站
	E0901002			运营控制中心
	E0901003			车辆段及综合基地

名称	编码	一级	二级	三级
轨道交通工程E	E0902001	安防及门禁	门禁系统	车站
	E0902002			运营控制中心
	E0902003			车辆段及综合基地
	E0902004			主变电站
	E1001001	通风空调与供暖工程	通风、空调	车站通风空调
	E1001002			区间通风
	E1001003		供暖设施	车站供暖
	E1101001	给水排水及消防	车站给水排水与消防	给水
	E1101002			排水
	E1101003			水消防
	E1101004			市政管网接驳
	E1101005			废水处理
	E1102001		区间给水排水与消防	给水
	E1102002			排水
	E1102003			水消防
	E1102004			市政管网接驳
	E1102005			废水处理
	E1103001		自动灭火系统	车站
	E1103002			运营控制中心
	E1103003			车辆段及综合基地
	E1103004			主变电站
	E1201001	自动售检票系统（AFC）		车站
	E1201002			运营控制中心
	E1201001	车站辅助设备	站内客运设备	自动扶梯
	E1201002			垂直电梯
	E1201003			轮椅升降台
	E1201004			自动人行道
	E1202001		站台门	屏蔽门
	E1202002			安全门
	E1301001	车辆段与综合基地、运营控制中心	车辆段	房屋建筑
	E1301002			工艺设备
	E1301003			附属工程
	E1302001		综合基地、运营控制中心	房屋建筑
	E1302002			工艺设备
	E1302003			附属工程
	E1303001		停车场	房屋建筑
	E1303002			工艺设备
	E1303003			附属工程

续表

名称	编码	一级	二级	三级
轨道交通工程 E	E1401001	人防	人防门	
	E1401002		防淹门	

公路工程分类表　　　　　　　表 2.2-6

名称	编码	一级名称	二级名称	三级名称
公路工程 F	F0101001	道路工程	高速公路	设计速度 60 ～ 120km/h
	F0102001		一级公路	设计速度 60 ～ 100km/h
	F0103001		二级公路	设计速度 40 ～ 80km/h
	F0104001		三级公路	设计速度 30 ～ 40km/h
	F0105001		四级公路	设计速度 20km/h
	F0201001	桥梁涵洞工程	特大桥	多孔跨径＞ 1000m
	F0201002			单孔跨径＞ 150m
	F0202001		大桥	100m ≤多孔跨径≤ 1000m
	F0202002			40m ≤单孔跨径≤ 150m
	F0203001		中桥	30m ＜多孔跨径＜ 100m
	F0203002			20m ≤单孔跨径＜ 40m
	F0204001		小桥	8m ≤多孔跨径≤ 30m
	F0204002			5m ≤单孔跨径＜ 20m
	F0205001		涵洞	单孔跨径＜ 5m
	F0301001	隧道工程	越江隧道	明挖法：有支护
	F0301002			明挖法：无支护
	F0301003			暗挖法：管幕法
	F0301004			暗挖法：矿山法
	F0301005			暗挖法：盾构法
	F0301006			暗挖法：顶进法
	F0302001		城市下立交	明挖法：有支护
	F0302002			明挖法：无支护
	F0302003			暗挖法：管幕法
	F0302004			暗挖法：盾构法
	F0302005			暗挖法：顶进法

水利工程分类表 表 2.2-7

名称	编码	一级名称	二级名称	三级名称
水利工程 G	G0101001	泵（闸）站	泵站	流量 ≤ 10m³/s
	G0101002			10m³/s ≤流量≤ 50m³/s
	G0101003			流量> 50m³/s
	G0102001		泵闸	净宽≤ 4m
	G0102002			4m ≤净宽≤ 10m
	G0102003			流量> 10m
	G0201001	水闸	节制闸	净宽≤ 4m
	G0201002			4m ≤净宽≤ 10m
	G0201003			流量> 10m
	G0202001		套闸	净宽≤ 4m
	G0202002			4m ≤净宽≤ 10m
	G0202003			流量> 10m
	G0301001	涵闸	方涵闸	净宽≤ 2m × 净高≤ 2m
	G0301002			净宽> 2m × 净高≤ 2m
	G0301003			净宽≤ 2m × 净高> 2m
	G0301004			净宽> 2m × 净高> 2m
	G0302001		圆涵闸	直径≤ 2m
	G0302002			直径> 2m
	G0401001	桥梁	预应力	单跨
	G0401002			三跨
	G0401003			五跨
	G0402001		非预应力	单跨
	G0402002			三跨
	G0402003			五跨
	G0501001	护岸	混凝土挡墙	前板桩后方桩
	G0501002			双排方桩
	G0501003			前板桩后灌注桩
	G0501004			双排灌注桩
	G0501005			前钢筋混凝土 U 形后方桩
	G0501006			前 U 形钢板桩后方桩
	G0501007			墙体改造（维修）
	G0502001		砌石挡墙	有桩
	G0502002			无桩
	G0503001		护坡	灌砌块石
	G0503002			浆砌块石
	G0503003			混凝土
	G0503004			其他
	G0601001	土方	疏浚	水力冲挖 + 外运
	G0601002			水力冲挖 + 就地堆置
	G0601003			船挖
	G0602001		开挖	机械开挖 + 外运

续表

名称	编码	一级名称	二级名称	三级名称
水利工程 G	G0602002	土方	开挖	机械开挖 + 就地堆置
	G0603001		吹填	吹泥船 + 就地取土
	G0603002			吹泥船 + 外海取土
	G0701001	塘堤	围涂	滩地平均高程 0m 以上
	G0701002			滩地平均高程 -3 ~ 0m
	G0701003			滩地平均高程 -5 ~ -3m
	G0701004			滩地平均高程 -5m 以下
	G0702001		加固	防浪墙拆建
	G0702002			防浪墙 + 外坡拆建
	G0702003			防浪墙 + 外坡拆建 + 顺坝加固
	G0702004			顺坝加固
	G0702005			丁坝加固
	G0801001	农田水利	粮田	明渠灌溉
	G0801002			暗渠灌溉
	G0802001		菜田	露地
	G0802002			大棚

房屋修缮工程分类表　　　　表 2.2-8

名称	编码	一级名称	二级名称	三级名称	四级名称	五级名称
房屋修缮工程 H	H0101001	居住建筑	花园住宅	独立式	文物保护建筑：1. 最严格保护；2. 较严格保护；3. 一般保护	优秀历史建筑：1. 第一类：不得变动建筑原有的外貌、结构体系、平面布局和内部装修；2. 第二类：不得变动建筑原有的外貌、结构体系、基本平面布局和有特色的室内装修；建筑内部其他部分允许作适当的变动；3. 第三类：不得改动建筑原有的外貌；建筑内部在保持原结构体系的前提下，允许作适当的变动；4. 第四类：在保持原有建筑整体性和风格特点的前提下，允许对建筑外部作局部适当的变动，允许对建筑内部作适当的变动
	H0101002			和合式		
	H0102001		新式里弄	石库门		
	H0102002			现代式		
	H0103001		公寓	高层		
	H0103002			多层		
	H0104001		职工住宅	高层（大楼）		
	H0104002			多层		
	H0104003			平瓦坡顶		
	H0104004					
	H0105001		旧式里弄	三间两厢房		
	H0105002			两间一厢房		
	H0105003			单开间		
	H0105004			组合式		
	H0105005			零星楼房		
	H0105006			零星平房		

名称	编码	一级名称	二级名称	三级名称	四级名称	五级名称
房屋修缮工程 H	H0106001	居住建筑	其他	学校宿舍	文物保护建筑：1. 最严格保护；2. 较严格保护；3. 一般保护	优秀历史建筑：1. 第一类：不得变动建筑原有的外貌、结构体系、平面布局和内部装修；2. 第二类：不得变动建筑原有的外貌、结构体系、基本平面布局和有特色的室内装修；建筑内部其他部分允许作适当的变动；3. 第三类：不得改动建筑原有的外貌；建筑内部在保持原结构体系的前提下，允许作适当的变动；4. 第四类：在保持原有建筑整体性和风格特点的前提下，允许对建筑外部作局部适当的变动，允许对建筑内部作适当的变动
	H0106002			医院病房		
	H0201001	非居住建筑	旅馆	宾馆建筑		
	H0201002			招待所		
	H0202000		办公楼			
	H0203000		工厂			
	H0204000		站场码头			
	H0205000		仓库堆栈			
	H0206000		商场			
	H0207000		店铺			
	H0208000		学校			
	H0209000		文化馆			
	H0210000		体育馆			
	H0211000		影剧院			
	H0212000		福利院			
	H0213000		医院			
	H0214000		农业建筑			
	H0215000		公共设施用房			
	H0216000		寺庙教堂			
	H0217000		宗祠山庄			
	H0218001		其他	营房		
	H0218002			监狱		

2.3 造价指标指数

2.3.1 造价指标指数的类型

（1）总价格指数（建筑工程）

首先，确定典型工程，以其总价作为基期或者以总价除以总建筑面积后的平方米造价为基期。然后，在报告期的时候对工程中的人工、材料、机械进行换价，之后乘以费率，得到报告期的总价和平方米造价。总造价指数即为报告期平方米造价和基期平方米造价之比再乘以100。这种指数比较宏观，只能反映建设工程指标指数变动的总趋势。

（2）同类建设工程指标指数

所谓同类建设工程，顾名思义是类型相同的建设工程，具体表现为建筑结构、使用性质以及选材类似的建设工程。建设工程按建筑结构可分为砖混结构、框架结构、框-剪结构、筒体结构等；按选材可分为木结构、砖结构、钢筋混凝土结构（含预制构件）、钢结构等；按工程用途可分为建筑工程（民用建筑、工业建筑、构筑物工程、其他建筑工程）、土木工程（道路工程、轨道交通工程、桥涵工程、隧道工程、水工工程、矿山工程、架线与管沟工程）等。

建设工程的多样性从以上诸多分类中又一次体现出来。由此可见，要使指标指数更具有实用性和适用性，分类必须细化。

（3）综合指标指数

分部分项工程可分为土建工程（基础、打桩、土方、柱、梁、墙身、楼地面、门、窗、内外粉刷、保温、防水等）；安装工程（强电、弱电、给水排水、暖通、消防等）等。分部分项工程中应包括企业管理费和利润，如果采用全费用清单，还可考虑包括措施费、规费和增值税。

指标指数的统计方式可分为按年和按月或按季度。所谓按年，就是年平均值的曲线图；所谓按月或按季度，就是当年每月或每季度的曲线图。前者是对宏观趋势的反映，有利于对市场总体的把握和对未来发展情形的预测；而后者是短时的市场情况反映，因此较及时、较灵敏。

（4）生产费用指标指数

主要是针对总造价中直接费（定额）、分部分项费（清单）的内容，包括人工费、材料费、机械费。可以是各块内容综合的指标指数，如材料综合指标指数；也可以是单项指标指数，如水泥、钢筋、木材等指标指数；还可以是复合指标指数，如人工材料复合指标指数。通过以上指标指数，可以清楚地看到价格的变动趋势。

（5）技术经济指标

造价数据中，经济指标比较容易获得，按照一定的规则，对估算、概算、预算、工程量清单、结算文件进行分析，就可以得到相应的经济指标。

1）估算指标表

不同建设工程的估算指标表有不同的内容，不同建筑工程估算指标表会有差异，建筑工程估算指标表与土木工程估算指标表之间差异会更大。表2.3-1为建筑工程中的高层办公楼估算指标表。

估算指标表

表 2.3-1

序号	工程项目和费用名称	计量指标	单位	数量	价格
一	**工程费用**	建筑面积	m^2		
（一）	**建筑工程**	建筑面积	m^2		
1	土建工程	建筑面积	m^2		
1.1	基础工程	地下建筑面积	m^2		
1.1.1	基坑支护工程	围护周长	m		
1.1.2	桩基础工程	桩工程量	m^3		
1.1.3	土方工程	土方量	m^3		
1.2	地下工程	地下建筑面积	m^2		
1.2.1	地下结构	地下建筑面积	m^2		
1.2.2	地下建筑、装修	地下建筑面积	m^2		
1.3	地上工程	地上建筑面积	m^2		
1.3.1	地上结构	地上建筑面积	m^2		
1.3.2	地上建筑	地上建筑面积	m^2		
1.4	钢构件（地上、地下）	建筑面积	t		
2	地上装修工程	地上建筑面积	m^2		
2.1	大堂、电梯厅装修	装修面积	m^2		
2.2	楼梯间装修	装修面积	m^2		
2.3	走道等其他公共面积装修	装修面积	m^2		
2.4	办公室、会议室装修	装修面积	m^2		
2.5	卫生间、茶水间装修	装修面积	m^2		
2.6	室内标识、标线	装修面积	m^2		
2.7	……	……	……		
3	幕墙工程	幕墙面积	m^2		
（二）	**安装工程**	建筑面积	m^2		
1	地下工程	地下建筑面积	m^2		
1.1	电气工程	地下建筑面积	m^2		
1.2	给水排水工程	地下建筑面积	m^2		
1.3	通风空调工程	地下建筑面积	m^2		
1.4	消防工程	地下建筑面积	m^2		
1.5	智能化工程	地下建筑面积	m^2		

续表

序号	工程项目和费用名称	计量指标	单位	数量	价格
1.6	……	……	……		
2	地上工程	地上建筑面积	m²		
2.1	电气工程	地上建筑面积	m²		
2.2	给水排水工程	地上建筑面积	m²		
2.3	通风空调工程	地上建筑面积	m²		
2.4	消防工程	地上建筑面积	m²		
2.5	智能化工程	地上建筑面积	m²		
2.6	供暖工程	地上建筑面积	m²		
2.7	室内燃气工程	地上建筑面积	m²		
2.8	锅炉设备安装工程	地上建筑面积	m²		
2.9	蒸汽及凝结水系统工程	地上建筑面积	m²		
2.10	压缩空气系统工程	地上建筑面积	m²		
2.11	……	……	……		
（三）	**设备购置及安装费**	**建筑面积**	m²		
1	电梯	建筑面积	m²		
1.1	客梯	数量	台		
1.2	消防梯	数量	台		
1.3	自动扶梯	数量	台		
2	发电机组	建筑面积	m²		
3	擦窗机	建筑面积	m²		
4	机械化停车设备	建筑面积	m²		
5	……	……	……		
二	**室外配套工程**	**建筑面积**	m²		
1	道路、场地(含室外停车场)	道路面积	m²		
2	园林绿化、景观	绿化面积	m²		
3	屋顶绿化	绿化面积	m²		
4	室外电气	建筑面积	m²		
5	室外给水排水	建筑面积	m²		
6	室外标识系统	建筑面积	m²		
7	泛光照明系统	建筑面积	m²		
三	**工程建设其他费用**	**建筑面积**	m²		
1	可研报告编制费	建筑面积	m²		
2	节能报告编制费	建筑面积	m²		
3	环境影响评估费	建筑面积	m²		
4	交通影响评价费	建筑面积	m²		
5	招标代理服务费	建筑面积	m²		
6	招标投标交易服务费	建筑面积	m²		

续表

序号	工程项目和费用名称	计量指标	单位	数量	价格
7	工程设计费	建筑面积	m²		
8	竣工图编制费	建筑面积	m²		
9	工程勘察费	建筑面积	m²		
10	工程监理费	建筑面积	m²		
11	全过程造价控制	建筑面积	m²		
12	结算审核费用	建筑面积	m²		
13	高可靠性供电费用	建筑面积	m²		
14	劳动安全卫生评价费	建筑面积	m²		
15	白蚁防治费	建筑面积	m²		
16	场地准备及临时设施费	建筑面积	m²		
17	城市基础设施配套费	建筑面积	m²		
18	项目建设管理费	建筑面积	m²		
19	建设管理其他费	建筑面积	m²		
四	**预备费**	**建筑面积**	m²		
1	基本预备费	建筑面积	m²		
五	**土地费用**	**建筑面积**	m²		
六	**建设期贷款利息**	**建筑面积**	m²		
七	**总投资**	**建筑面积**	m²		

2）工程量清单有关指标表（表2.3–2～表2.3–4）

分部分项工程量清单与计价表　　　　　表 2.3–2

序号	项目编码	项目名称	项目特征描述	工程内容	计量单位	工程量	金额（元）				备注
							综合单价	合价	其中		
									人工费	材料及工程设备暂估价	

分部分项工程量清单综合单价分析表　　　　表 2.3-3

项目编码			项目名称		工程数量			计量单位		
清单综合单价组成明细										
定额编号	定额名称	定额单位	数量	单价				合价			
				人工费	材料费	机械费	管理费和利润	人工费	材料费	机械费	管理费和利润

主要人工、材料、机械及工程设备数量与计价一览表　　　表 2.3-4

序号	项目编码	人工材料机械工程设备名称	规格型号	单位	数量	金额（元）	
						单价	合价

　　相比较而言，技术经济指标的梳理具有一定的难度。技术经济指标的梳理，需要熟悉图纸，对设计工作有所了解。因为每个建设工程都有各自的特点，尽管有共性，但是个性部分足以影响全局，因此较难形成统一的技术经济指标。没有统一的技术经济指标，就很难形成造价大数据，并进行大数据分析，寻找规律性的问题。

　　然而，技术经济分析对建设工程实施却有着非同寻常的意义。尤其是在目前大力推进限额设计的环境下，技术经济分析显得格外重要。所谓限额设计，就是要按照批准的设计任务书及投资估算控制初步设计，按照批准的初步设计总概算控制施工图设计。将上阶段设计审定的投资额和工程量先分解到各专业，然后再分解到各单位工程和分部工程。各专业在保证使用功能的前提下，根据限定的额度进行方案筛选和设计，并且严格控制技术设计和施工图设计的不合理变更，以保证总投资不被突破。如何实施限额设计，就需要技术经济指标来保驾护航：为保证设计成果的经济性而制定的技术上不应突破的限制值，如建筑结构钢筋含量、混凝土含量。当然，为满足投资或造价的要求限定的成本限制值，如平方米造价、单方造价，亦可发挥作用。

● 2.3.2 其他造价指标指数情况

（1）利比造价指标指数

香港利比（Rider Levett Bucknall）现有的指数种类有投标指数（Tender Price Indices）、人工综合指数（Labor Index）、材料综合指数（Material Index）等。其中，分项人工指数有钢筋工（Bar Bender and Fixer）指数、混凝土工（Concretor）指数、木工和模板工（Carpenter（formwork））指数、油漆装饰工（Painter and Decorator）指数、抹灰工（Plasterer）指数、金属工（Metal Worker）指数、管道工（Plumber）指数、普通工（General Worker）指数。分项材料指数有砂（Sand）指数（HK＄/10t）、沥青（Bitumen）指数（HK＄/t）、硅酸盐水泥（Portland Cement）指数（HK＄/t）、硬木锯材50×75（Sawn Hardwood 50×75）指数（HK＄/m³）、低碳圆钢（Mild Steel Round Bar）指数（HK＄/t）、高强度钢筋（High Tensile Steel Bar）指数（HK＄/t）。综合单价指数有钢筋混凝土C40（Reinforced concrete Grade 40）指数（HK＄/m³）、锯木模板（Sawn formwork）指数（HK＄/m²）、成型高屈服强度钢筋（Deformed high yield steel bar reinforcement）指数（HK＄/kg）、105mm实心混凝土砌块墙（105mm Solid concrete block wall）指数（HK＄/m²）、两层20mm厚沥青胶浆屋面（Mastic asphalt roofing overall 20mm thick (2-coat work)on horizontal surfaces）指数（HK＄/m²）、20mm厚条形木地板（包括毛地板、打磨和抛光）（20mm（Finished）Timber strip flooring including plywood sub-floor, sanding and wax polishing）指数（HK＄/m²）、100高13mm厚木踢脚（Timber skirting 100mm high×13mm thick）指数（HK＄/m）等。

（2）ENR造价指标指数

美国ENR（Engineer News Record）的指数来源于20个美国城市和2个加拿大城市（蒙特利尔和多伦多，2013年起不再采集）。信息员每月从各个信息点定期提供信息，而后总部通过各个信息点的材料价格和工资水平计算指数。各个点的材料价格和工资水平在一定程度上反映了当地的市场状况（包括竞争、打折）。而这些价格的统计口径是一样的，即普通工（Common Labor）200小时、技术工（Skilled Labor）68.38小时、普通结构钢（Standard Structural Steel）25磅、散装硅酸盐水泥（Bulk Portland Cement）1.128吨、木材（Lumber）（2×4）1088板英尺。

ENR现有的指数有分项人工指数、分项材料指数、材料综合指数、造价指数。分项人工指数包括普通工指数、技术工指数。分项材料指数包括：

1）沥青（Asphalt）、水泥（Cement）、骨料（Aggregates）、混凝土（Concrete）、砖（Brick）、混凝土砖（Concrete Block）、砌石石灰（Masons Lime）；

2）钢筋混凝土管（Reinforced Concrete Pipe）、波纹钢管（Corrugated Steel Pipe）、陶土管（Vitrified Clay Pipe）、聚乙烯（PE）地下排水管（PE Underdrain）、聚氯乙烯（PVC）给水排水管（PVC Sewer and Water Pipe）、柔性铁管（Ductile Iron Pipe）、铜水管（Copper Water Tubing）；

3）木材（Lumber）、胶合板（Plywood）、胶合板模板（Plyform）、刨花板（Particle Board）、石膏板（Gypsum Wallboard）、绝热（声、缘）板（Insulation）；

4）结构钢（Structural Steel）、混凝土内配筋（Reinforced Bar）、钢板（Steel Plat）、金属板条、铝板（Aluminum Sheet）、不锈钢板（Stainless Steel Sheet）、不锈钢H桩（Stainless H-piles）。

造价指数包括工程造价指数（Construction Cost）和建筑造价指数（Building Cost），前者主要适用于人工费所占比重高的工程，后者适用于结构工程中；前者的人工费采用的是普通工200小时，后者的人工费采用的是技术工68.38小时。

综上所述，不管是我国香港还是美国，其指标指数皆为土建范畴，大致可归纳为：人工指数、材料指数、投标指数、造价指数、综合指数。

2.3.3　造价指标指数的数据来源

要确保造价指标指数的数据来源，首先要建立标准，这样才能统一数据类型，便于数据收集、整理和分析。到目前为止，全国各地因为定额、清单都有各自的体系，定额、清单和计价软件还没有形成一个统一的数据标准，统一处理的难度较大。

1. 政府管理部门

政府管理部门的造价数据主要有两个来源。

（1）招标投标造价数据

电子招标投标在全国日益普遍，承包商的商务投标文件、中标文件是招标投标造价数据的基础，可以通过统一的数据接口软件对投标文件和中标文件进行收集、整理和分析，形成实时投标造价指标指数，如上海建设主管部门发布的《上海市建设工程工程量清单数据文件标准》。文件框架可见图2.3-1。

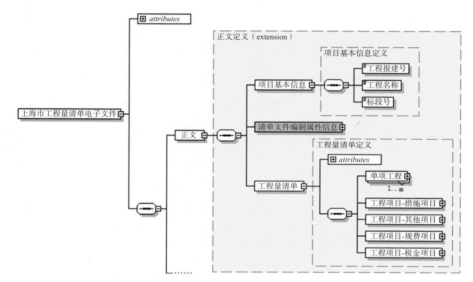

图 2.3-1 工程量清单 XSD 文件总览

（2）竣工结算数据

上海市建设管理部门2017年发布的《上海市建设工程竣工结算文件备案管理办法》和2015年发布的《上海市建设工程竣工结算清单文件数据标准》对上报管理部门的结算文件提出了统一数据要求。通过竣工结算备案系统，可以收集、整理、分析竣工结算指标指数。但是，竣工结算数据可能因为项目实施周期长，其价格不能完全反映结算期的价格水平，存在一定的误差。与此相比，承包商投标价则有一定的优越性，即为投标时点的价格，它更能反映时点上市场的真实情况、更具有指导意义。结算清单文件框架可见图2.3-2。

此外，上海市的地方标准《建设工程造价数据标准》DG/TJ08-2300-2019也

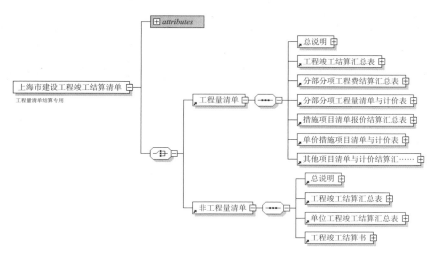

图 2.3-2 竣工结算清单文件 XSD

对统一计价软件格式做出了规定。标准第3.0.4条第一款规定"生成工程造价文件数据时，文件的后缀名统一为'CDIS'（common data interface standards）"。

2．发包商

已完成开发项目或者正在实施的项目，都可以成为造价数据的来源，通过造价数据的收集、整理、分析，为今后项目的实施提供参考。

3．承包商

已完成施工项目、正在施工的项目、已投标项目，都可以成为造价数据的来源，通过造价数据的收集、整理、分析，为今后项目的投标、商务谈判提供参考。

4．造价咨询企业

以往，造价咨询企业的造价数据主要以竣工结算数据为主。但是，随着全过程造价咨询在全国的推广，造价咨询企业的数据形式越来越丰富，可以包括估算、概算、施工图预算、工程量清单、结算等类型。通过造价数据的收集、整理、分析，造价咨询企业一方面可以提高咨询能力；另一方面，也可以为业主提供更全面的服务。

第 3 章　造价数据挖掘

3.1　分类与预测

1．分类

分类是构造一个分类模型，输入样本的属性值，输出对应的类别，将每个样本映射到预先定义好的类别。对于采用国家工程量清单标准的造价数据来说，前九位编码相同，后三位是自然顺序号，即十二位编码（其中九位编码相同）代表的工程量清单可能差异很大。如：房屋建筑与装饰工程中011102003块料楼地面，面层材料有不同大小规格、不同颜色、不同品牌，不同面层材料的价格差异可能很大，诺贝尔、荣联罗马300mm×300mm价格分别为120元/m^2、58元/m^2。又如，通用安装工程中030408001电力电缆，电缆种类繁多，不同规格（截面面积、芯数）、材质（铜、铝）、绝缘护套材料（YJV、YJ）的电力电缆价格差异也很大，宝胜电力电缆2×16、2×25价格分别为19.5元/m、29.5元/m。分类方法可以基于已有的价格区间或项目特征值，在预先定义好类别的基础上，确定不同清单的类别。

2．预测

预测是建立两种或两种以上变量间相互依赖的函数模型，然后进行预测或控制。本书研究了神经网络、支持向量机、灰色模型、ARIMA等方法在建设工程造价实践中价格预测。由于影响造价的因素有很多，有宏观、有微观、有客观、有主观，因此，完全准确预测造价趋势难度较大。但是万物都有规律，我们通过算法还是可以找出造价变化的大趋势。通过研究大趋势，可以为实践工作提供有益帮助。

●3.1.1　决策树

决策树的构建过程，就是从训练数据集中归纳出一组分类规则，使它与熟练数据矛盾较小的同时具有较强的泛化能力。基本分为以下几步：

（1）计算数据集划分线的信息熵。

（2）遍历所有作为划分条件的特征，分别计算根据每个特征划分数据集后的信息熵。

（3）选择信息增益最大的特征，并使用这个特征作为数据划分节点来划分数据。

（4）递归地处理被划分后的所有子数据集，从未被选择的特征里继续重复以上步骤，选择出最优数据划分特征来划分子数据集……

这里递归结束的条件一般有两个：一是所有特征都用完了，二是划分后的信息熵增益足够小了。

设 S 是 s 个数据样本的集合。假定类别属性具有 m 个不同的值：$C_i(i=1,2,\cdots,m)$。设 s_i 是类 C_i 中的样本数。对于一个给定的样本，总的信息熵见式（3.1-1）。

$$I\left(s_1,s_2,\cdots,s_m\right)=-\sum_{i=1}^{m}P_i\log_2P_i \tag{3.1-1}$$

其中，P_i 表示事件 C_i 出现的概率，一般可以用 $\dfrac{s_i}{s}$ 估计。

设一个属性 A 具有 k 个不同的值 $\{a_1,a_2,\cdots,a_k\}$，利用属性 A 将集合 S 划分为 k 个子集 $\{S_1,S_2,\cdots,S_k\}$，其中 S_j 包含了集合 S 中属性 A 取 a_j 值的样本。若选择属性 A 为测试属性，则这些子集就是从集合 S 的节点生长出来的新的叶节点。设 s_{ij} 是子集 S_j 中类别为 C_i 的样本数，则根据属性 A 划分样本的信息熵值见式（3.1-2）。

$$E\left(A\right)=\sum_{j=1}^{k}\frac{s_{1j},s_{2j},\cdots,s_{mj}}{s}I\left(s_{1j},s_{2j},\cdots,s_{mj}\right) \tag{3.1-2}$$

其中，$I\left(s_{1j},s_{2j},\cdots,s_{mj}\right)=-\sum_{i=1}^{m}P_{ij}\log_2P_{ij}$，$P_{ij}=\dfrac{s_{ij}}{s_{1j}+s_{2j}+\cdots+s_{mj}}$ 是子集 S_j 中类别为 C_i 的样本的概率。

最后，用属性 A 划分样本集 S 后所得的信息增益见式（3.1-3）。

$$G(A)=I(s_1,s_2,\cdots,s_m)-E(A) \tag{3.1-3}$$

由上述公式可以看到，信息熵值越小，信息增益值越大，不确定性越小。

回到决策树的构建问题上，我们遍历所有特征分别计算，使用这个公式划分数据集前后信息熵的变化值，然后选择信息熵变化幅度最大的那个特征来作为数据集划分依据。即：选择信息增益最大的特征作为分裂节点，即让数据尽量往更纯净的方向上变换。因此，信息增益是用来衡量数据变得更有序、更纯净程度的指标。

信息增益又被称为ID3算法，即计算基于某项特征划分前后的熵差值变化。决策树分析方法还有信息增益率（C4.5算法）、基尼系数（CART算法）。本书案例采用的是ID3算法，在程序中的参数entropy，如果采用CART算法，其参数即为gini。

项目造价情况见表3.1-1。

项目造价情况表 表 3.1-1

序号	是否为钢结构	是否为绿色建筑	是否为装配式	是否在市中心	是否有索赔	造价
1	是	是	否	是	是	高
2	否	否	是	否	是	低
3	是	否	否	否	是	高
4	否	是	是	是	是	高
5	是	否	否	是	否	低
6	否	是	是	否	否	低
7	否	是	是	否	是	低
8	否	是	是	是	是	高
9	否	是	是	是	否	高
10	是	是	是	是	是	高
11	是	是	是	否	是	高
12	是	是	是	是	否	高
13	是	否	是	是	是	高
14	是	否	是	是	是	低
15	否	否	否	否	是	低
16	否	否	否	是	否	低
17	否	否	是	否	是	低
18	否	否	是	否	否	低
19	否	是	是	是	是	高
20	是	是	否	是	否	高

案例实现具体步骤如下：

（1）根据式（3.1-1）计算总的信息熵。表3.1-1中数据显示造价高的有11条记录，造价低的有9条记录。

$$I(11,9) = -\frac{11}{20}\log_2\frac{11}{20} - \frac{9}{20}\log_2\frac{9}{20} = 0.99277$$

（2）根据式（3.1-1）和式（3.1-2），计算每个测试属性的信息熵。

钢结构的情况下，造价显示高的有8条记录，显示低的有1条记录，可表示为（8,1）；不是钢结构的情况下，造价显示高的有4条记录，显示低的有7条记录，可表示为（4,7）。是否为钢结构属性的信息计算过程如下：

$$I(8,1) = -\frac{8}{9}\log_2\frac{8}{9} - \frac{1}{9}\log_2\frac{1}{9} = 0.50326$$

$$I(4,7) = -\frac{4}{11}\log_2\frac{4}{11} - \frac{7}{11}\log_2\frac{7}{11} = 0.94566$$

$$E(钢结构) = \frac{9}{20}I(8,1) + \frac{11}{20}I(4,7) = 0.74658$$

绿色建筑情况下，造价显示高的有9条记录，显示低的有1条记录，可表示为（9,1）；不是绿色建筑情况下，造价显示高的有3条记录，显示低的有7条记录，可表示为（3,7）。是否为钢结构属性的信息计算过程如下：

$$I(9,1) = -\frac{9}{10}\log_2\frac{9}{10} - \frac{1}{10}\log_2\frac{1}{10} = 0.46900$$

$$I(3,7) = -\frac{3}{10}\log_2\frac{3}{10} - \frac{7}{10}\log_2\frac{7}{10} = 0.88129$$

$$E(绿色建筑) = \frac{10}{20}I(9,1) + \frac{10}{20}I(3,7) = 0.67515$$

装配式情况下，造价显示高的有8条记录，显示低的有6条记录，可表示为（8,6）；不是装配式情况下，造价显示高的有4条记录，显示低的有2条记录，可表示为（4,2）。是否为钢结构属性的信息计算过程如下：

$$I(8,6) = -\frac{8}{14}\log_2\frac{8}{14} - \frac{6}{14}\log_2\frac{6}{14} = 0.98523$$

$$I(4,2) = -\frac{4}{6}\log_2\frac{4}{6} - \frac{2}{6}\log_2\frac{2}{6} = 0.91830$$

$$E(装配式) = \frac{14}{20}I(8,6) + \frac{6}{20}I(4,2) = 0.96515$$

市中心情况下，造价显示高的有9条记录，显示低的有1条记录，可表示为（9,1）；不是市中心情况下，造价显示高的有2条记录，显示低的有8条记录，可表示为（2,8）。是否为钢结构属性的信息计算过程如下：

$$I(9,1) = -\frac{9}{10}\log_2\frac{9}{10} - \frac{1}{10}\log_2\frac{1}{10} = 0.46900$$

$$I(2,8) = -\frac{2}{10}\log_2\frac{2}{10} - \frac{8}{10}\log_2\frac{8}{10} = 0.72193$$

$$E(市中心) = \frac{10}{20}I(9,1) + \frac{10}{20}I(2,8) = 0.59547$$

索赔情况下，造价显示高的有8条记录，显示低的有5条记录，可表示为（8,5）；不是索赔情况下，造价显示高的有4条记录，显示低的有3条记录，可表示为（4,3）。是否为钢结构属性的信息计算过程如下：

$$I(8,5) = -\frac{8}{13}\log_2\frac{8}{13} - \frac{5}{13}\log_2\frac{5}{13} = 0.96124$$

$$I(4,3) = -\frac{4}{7}\log_2\frac{4}{7} - \frac{3}{7}\log_2\frac{3}{7} = 0.98523$$

$$E(索赔) = \frac{13}{20}I(8,5) + \frac{7}{20}I(4,3) = 0.96964$$

$$G(钢结构) = I(11,9) - E(钢结构) = 0.99277 - 0.74658 = 0.24619$$

$$G(绿色建筑) = I(11,9) - E(绿色建筑) = 0.99277 - 0.67515 = 0.31762$$

$$G(装配式) = I(11,9) - E(装配式) = 0.99277 - 0.96515 = 0.02762$$

$$G(市中心) = I(11,9) - E(市中心) = 0.99277 - 0.59547 = 0.3973$$

$$G(索赔) = I(11,9) - E(索赔) = 0.99277 - 0.96964 = 0.02313$$

由数据比较可以看出，是否在市中心属性的信息增益值最大，它的两个属性值"是"和"否"作为该根节点的两个分支。

代码清单 3.1.1　决策树分析

```
import pandas as pd

import matplotlib.pyplot as plt

# 参数初始化

filename = '../bq/ 决策树预测造价高低 .xlsx'

data = pd.read_excel(filename, index_col = u' 序号 ')  # 导入数据


# 数据是类别标签，要将它转换为数据

# 用 1 来表示"是""高"这两个属性，用 –1 来表示"否""低"

data[data == u' 是 '] = 1

data[data == u' 高 '] = 1

data[data != 1] = –1

x = data.iloc[:,:5].astype(int)

y = data.iloc[:,5].astype(int)



from sklearn import tree

from sklearn.tree import DecisionTreeClassifier as DTC

from sklearn.tree import plot_tree

dtc = DTC(criterion='entropy')  # 建立决策树模型，基于信息熵

dtc=dtc.fit(x, y)  # 训练模型

plot_tree(dtc,filled=True)#filled 是增加填充色

plt.show()
```

```
# 导入相关函数，可视化决策树
# 导出的结果是一个 dot 文件，需要安装 Graphviz 才能将它转换为 pdf 或 png
等格式
from sklearn.tree import export_graphviz
from IPython.display import Image
import pydotplus
import graphviz


x = pd.DataFrame(x)
dot_data = tree.export_graphviz(dtc, out_file='tree.dot',
                        feature_names=data.columns[:5],  # 对应特征的名字
                        filled=True, rounded=True,
                        special_characters=True)
with open("tree.dot",encoding='utf-8') as f:
    dot_graph = f.read()
graph=graphviz.Source(dot_graph.replace("helvetica","FangSong"))# 解决字体
问题
graph.view()
```

　　运行结果见图3.1-1。为避免Graphviz使用时无法解决设置问题，建议从Graphviz官网下载windows安装程序（https://graphviz.org/download/）。

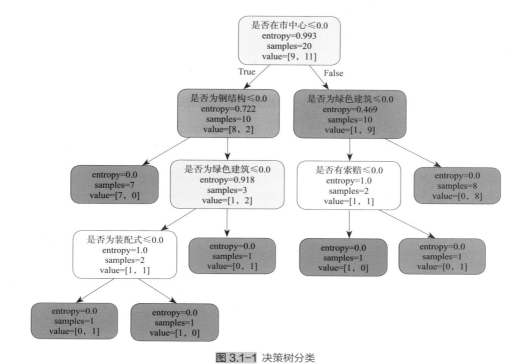

图 3.1-1 决策树分类

3.1.2 朴素贝叶斯分类

朴素贝叶斯算法是基于贝叶斯定理与特征条件独立假设的分类方法。朴素贝叶斯算法是在贝叶斯算法的基础上进行了相应的简化，即假定给定目标值时属性之间相互条件独立。也就是说没有哪个属性变量对于决策结果来说占有着较大的比重，也没有哪个属性变量对于决策结果占有着较小的比重。虽然这个简化方式在一定程度上降低了贝叶斯分类算法的分类效果，但是在实际的应用场景中，极大地简化了贝叶斯方法的复杂性。

朴素贝叶斯分类（Naive Bayes Classifier，NBC）是以贝叶斯定理为基础并且假设特征条件之间相互独立的方法，先通过已给定的训练集，以特征词之间独立作为前提假设，学习从输入到输出的联合概率分布，再基于学习到的模型，输入 X 求出使得后验概率最大的输出 Y。

设有样本数据集$D=\{d_1,d_2,\cdots,d_n\}$，对应样本数据的特征属性集为$X=\{x_1,x_2,\cdots,x_d\}$，类变量为$Y=\{y_1,y_2,\cdots,y_m\}$，即D可以分为y_m类别，其中$x_1,x_2,\cdots,x_d$相互独立且随机，则Y的先验概率$P_{prior}=P(Y)$，Y的后验概率$P_{post}=P(Y|X)$，由朴素贝叶斯算法可得，后验概率可以由先验概率$P_{prior}=P(Y)$、数据发生的概率$P(X)$、Y是某种类别发生的概率$P(X|Y)$。

$$P(Y|X)=\frac{P(Y)P(X|Y)}{P(X)}$$

如果给定类别y，则有：

$$P(X|Y=y)=\prod_{i=1}^{d}P(x_i|Y=y)$$

因此，后验概率为：

$$P_{post}=P(Y|X)=\frac{P(Y)\prod_{i=1}^{d}P(x_i|Y)}{P(X)}$$

由于$P(X)$的大小是固定不变的，因此在比较后验概率时，一般只比较上式的分子部分即可。同时，一个样本数据属于类别y_i的朴素贝叶斯计算公式为：

$$P(y_i|x_1,x_2,\cdots,x_d)=\frac{P(y_i)\prod_{i=1}^{d}P(x_i|y_i)}{\prod_{i=1}^{d}P(x_i)}$$

接下来，我们尝试用算法对工程中的安全文明措施费高低进行分类。为此，我们收集了16个样本。初步数据见表3.1–2。

项目安全文明措施费情况　　　　　　　　表3.1–2

序号	类型	区域	总建筑面积（m²）	总建筑面积与用地面积之比	地上层数（层）	地下层数（层）	项目工期（月）	分部分项费用（元）	类别
1	住宅	重点区域	119447.00	3.91	25	2	30	351299773.74	A
2	住宅	一般区域	87448.22	3.08	18	2	23	229547292.12	A
3	办公楼	重点区域	63559.10	8.31	17	3	32	251724649.43	A
4	住宅	一般区域	217590.25	3.23	24	1	36	654128668.71	B

续表

序号	类型	区域	总建筑面积（m²）	总建筑面积与用地面积之比	地上层数（层）	地下层数（层）	项目工期（月）	分部分项费用（元）	类别
5	办公楼	重点区域	137729.00	7.56	33	3	42	595697350.75	B
6	办公楼	一般区域	62987.60	5.73	19	2	24	231591884.05	B
7	学校医院	一般区域	139527.00	1.91	5	2	38	454472917.52	B
8	学校医院	一般区域	85991.00	1.41	5	2	31	393911424.57	B
9	办公楼	一般区域	136528.32	2.97	16	1	33	360000000.00	C
10	学校医院	重点区域	44326.00	2.93	9	1	20	167427974.46	C
11	办公楼	一般区域	26875.65	1.53	6	2	18	62260331.69	D
12	商业	一般区域	53653.28	3.65	4	2	20	111558403.50	D
13	学校医院	一般区域	20711.28	1.00	4	1	15	63335966.50	D
14	工业	一般区域	40500.00	0.90	1	0	18	87824645.52	D
15	商业	一般区域	83436.29	2.51	12	1	15	151000000.00	E
16	工业	一般区域	39686.17	2.07	7	1	13	104372507.50	E

为便于分析，我们把数据转为表3.1-3所示。

归类后安全文明措施费情况　　　　　　表 3.1-3

序号	Type	Region	S2	S1/S2	LU	LD	T	Fee	Class
1	住宅	重点区域	大于等于10万 m²	2~4之间	大于6层	有	大于等于30月	1亿~5亿元	A
2	住宅	一般区域	5万~10万 m²	2~4之间	大于6层	有	大于等于20月	1亿~5亿元	A
3	办公楼	重点区域	5万~10万 m²	大于等于4	大于6层	有	大于等于30月	1亿~5亿元	A
4	住宅	一般区域	大于等于10万 m²	2~4之间	大于6层	有	大于等于30月	大于等于5亿元	B
5	办公楼	重点区域	小于等于5万 m²	大于等于4	大于100m	有	大于等于30月	大于等于5亿元	B
6	办公楼	一般区域	5万~10万 m²	大于等于4	大于6层	有	大于等于20月	1亿~5亿元	B
7	学校医院	一般区域	大于等于10万 m²	小于等于2	小于等于6层	有	大于等于30月	1亿~5亿元	B

序号	Type	Region	S2	S1/S2	LU	LD	T	Fee	Class
8	学校医院	一般区域	5万～10万 m²	小于等于2	小于等于6层	有	大于等于30月	1亿～5亿元	B
9	办公楼	一般区域	大于等于10万 m²	2～4之间	大于6层	有	大于等于30月	1亿～5亿元	C
10	学校医院	重点区域	小于等于5万 m²	2～4之间	大于6层	有	大于等于20月	1亿～5亿元	C
11	办公楼	一般区域	小于等于5万 m²	小于等于2	小于等于6层	有	大于等于10月	小于等于1亿元	D
12	商业	一般区域	5万～10万 m²	大于等于4	小于等于6层	有	大于等于20月	1亿～5亿元	D
13	学校医院	一般区域	小于等于5万 m²	小于等于2	小于等于6层	有	大于等于10月	小于等于1亿元	D
14	工业	一般区域	小于等于5万 m²	小于等于2	小于等于6层	无	大于等于10月	小于等于1亿元	D
15	商业	一般区域	5万～10万 m²	2～4之间	大于6层	有	大于等于10月	1亿～5亿元	E
16	工业	一般区域	小于等于5万 m²	2～4之间	大于6层	有	大于等于10月	1亿～5亿元	E

注：Type 代表类型，Region 代表区域，S2 代表总建筑面积，S1/S2 代表总建筑面积与用地面积之比，LU 代表地上层数，LD 代表地下层数，T 代表工期，Fee 代表分部分项费用，Class 代表类别。

其中，Class字段中A，B，C，D，E分别对应正常、低、略低、高、略高。

为避免 $P(Y)\prod_{i=1}^{d} P(x_i|Y)$ 数字太小，趋近于零，程序中采用log对数据进行转化，同时利用对数性质 $\log_a(AB)=\log_a A+\log_a B$，把相乘改为相加。判断结果为负数，其绝对值越小，发生概率越高。

代码清单 3.1.2   朴素贝叶斯分类

```
import math

import random

import pandas as pd

import numpy as np
```

```
cla_all_num = 0

cla_num = {}

cla_tag_num = {}

landa = 0.6#    拉普拉斯修正值

def train(taglist, cla): # 训练，每次插入一条数据

    # 插入分类

    global cla_all_num#cla_all_num 如果不定义为全局变量，后面的语句执行时
会出错

    cla_all_num += 1

    if cla in cla_num: # 是否已存在该分类，源数据需对分类排序

        cla_num[cla] += 1

        #print(cla_num[cla])

    else:

        cla_num[cla] = 1

        #print(cla_num[cla])

    if cla not in cla_tag_num:

        cla_tag_num[cla] = {} # 创建每个分类的标签字典

    # 插入标签

    tmp_tags = cla_tag_num[cla] # 浅拷贝，用作别名

     print(tmp_tags)# 对费率先分类，然后对费率的特征进行统计，出现一次
的计 1，以此类推

    for tag in taglist:

        if tag in tmp_tags:

            tmp_tags[tag] += 1

        else:

            tmp_tags[tag] = 1
```

```python
def P_C(cla):  # 计算分类 cla 的先验概率
    return cla_num[cla] / cla_all_num


def P_W_C( tag, cla):  # 计算分类 cla 中标签 tag 的后验概率
    tmp_tags = cla_tag_num[cla]  # 浅拷贝，用作别名
    if tag not in cla_tag_num[cla]:
        return landa / (cla_num[cla] + len(tmp_tags) * landa)  # 拉普拉斯修正
    return (tmp_tags[tag] + landa) / (cla_num[cla] + len(tmp_tags) * landa)


def test( test_tags):  # 测试
    res = ''  # 结果
    res_P = None
    for cla in cla_num.keys():
        log_P_W_C = 0
        for tag in test_tags:
            log_P_W_C += math.log(P_W_C(tag, cla),2)
            print(P_W_C(tag, cla)*P_C(cla))
        tmp_P = log_P_W_C + math.log(P_C(cla),2)  # P(w|Ci) * P(Ci)，2 为底
        if res_P is None:
            res = cla
            res_P = tmp_P
        if tmp_P > res_P:
            res = cla
            res_P = tmp_P  # 存在不同类别的结果，取最小值，这种类别发生概率
最高
    return res,res_P
```

```
def create_MarriageData():

    p0=[' 住宅 ',' 办公楼 ',' 商业 ',' 学校医院 ',' 工业 ']

    p1=[' 一般区域 ',' 重点区域 ']

    p2=[' 大于等于 10 万 m2',' 5 万 ~10 万 m2',' 小于等于 5 万 m2']

    p3=[' 大于等于 4',' 2~4 之间 ',' 小于等于 2']

    p4=[' 小于等于 6 层 ',' 大于 6 层 ',' 大于 100m']

    p5=[' 有 ',' 无 ']

    p6=[' 大于等于 30 月 ',' 大于等于 20 月 ',' 大于等于 10 月 ']

    p7=[' 大于等于 5 亿元 ',' 1 亿 ~5 亿元 ',' 小于等于 1 亿元 ']

    dataset = []# 创建样本

    dataset.append(random.choice(p0))# 每个样本随机选择长相

    dataset.append(random.choice(p1))# 同理，随机选择性格

    dataset.append(random.choice(p2))# 同理

    dataset.append(random.choice(p3))# 同理

    dataset.append(random.choice(p4))# 同理

    dataset.append(random.choice(p5))# 同理

    dataset.append(random.choice(p6))# 同理

    dataset.append(random.choice(p7))# 同理

    print(" 随机产生各种项目类型为 :",dataset)

    return dataset


def beyesi():

    # 训练模型

    datafile = '../bq/ 安全文明措施费朴素贝叶斯 .xlsx'

    data =pd.read_excel(datafile,index_col = u' 序号 ') # 这个地方的 data 的类型
是 DataFrame
```

```
    X_train=np.array(data).tolist()
    #print(X_train)
    for x in X_train:
        train(x[0:8],x[-1])


if __name__ == '__main__':
    beyesi() # 创建朴素贝叶斯分类
    # 单例测试模型
    testcs=['住宅','重点区域','大于等于10万 m2','2~4之间','大于6层','有',
'大于等于30月','1亿~5亿元']
    print(" 单例测试为： ",testcs)
    print(' 测试结果： ', test(testcs))
    # 随机测试模型
    for i in range(1,10):
        print(' 测试结果： ', test(create_MarriageData()))
```

● 3.1.3　自适应增强回归

　　AdaBoost，全称是"Adaptive Boosting"，即自适应增强，由弗雪德（Freund）和夏皮雷（Schapire）在1995年首次提出，并在1996发布了一篇新的论文证明其在实际数据集中的效果。

　　AdaBoost的目标是建立如下的最终的分类器，见图3.1-2。

$$F(x) = \mathrm{sign}\left(\sum_{m=1}^{M} \theta_m f_m(x) \right) \tag{3.1-4}$$

　　其中，假设输入的训练数据总共有 n 个，用 $(x_1,y_1),(x_2,y_2),\cdots,(x_n,y_n)$ 表示，其中 x 是一个多维向量，而其对应的 $y=\{-1,1\}$。

　　（1）sign函数

　　这里的sign函数是符号函数。判断实数的正负号。即如果输入是正数，那么

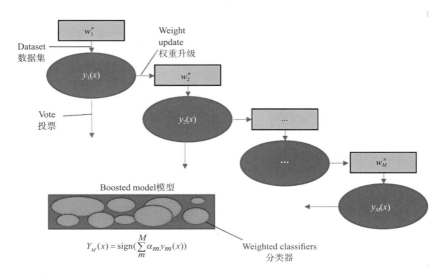

$$Y_M(x) = \text{sign}(\sum_m^M \alpha_m y_m(x))$$

图 3.1-2 AdaBoost 模型

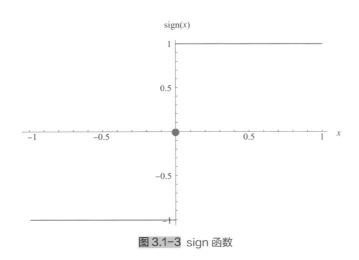

图 3.1-3 sign 函数

输出为1；输入为负数，那么输出为–1；如果输入是0的话，那么输出为0。因此，AdaBoost的目标是判断 $\{-1,1\}$ 的二分类判别算法。其函数图像如图3.1-3所示。

（2）弱分类器 $f(x)$

模型中的 $f_m(x)$ 是弱分类器。这里假设一个AdaBoost是由 M 个弱分类器加权求和得到。每一个弱分类器 $f_m(x)$ 都给出一个预测结果，然后根据其对应的权重 θ_m 加权求和。因此，AdaBoost的目标其实就是求出每个弱分类器的模型参数，以及其对应的权重。

（3）AdaBoost的求解

求解模型中弱分类器的权重及其参数的步骤如下：

首先，根据前面所述，有n个数据，我们初始化每个数据的权重都是一样的：

$$\omega(x_i, y_i) = \frac{1}{n} \tag{3.1-5}$$

接下来，我们对每一个弱分类器(1,M)都进行如下操作：

1）训练一个弱分类器，使得其分类误差最小，此时计算该分类器的误差计算如下公式：

$$\epsilon_m = \sum_{i=1}^{n} \omega_{mi} I\left(f_m(x_i) \neq y_i\right) \tag{3.1-6}$$

这个公式的含义就是模型的误差等于每一个错分的样本权重之和，$I(\cdot)$是指示函数。

当该模型是第一个弱分类器（即第一次迭代的时候），该公式中的含义就是计算当前弱分类器分错的样本个数，除以总的样本数量，得到该弱分类器的误差（因为，此时每个样本的误差都是$1/n$）。同时注意，在后面的迭代中，每个错分的样本的权重是不同的，这里的m表示第m次迭代时候，该样本的权重。

2）根据当前弱分类器的误差，计算该分类器的权重：

$$\theta_m = \frac{1}{2} \ln\left(\frac{1 - \epsilon_m}{\epsilon_m}\right) \tag{3.1-7}$$

该公式的含义就是，当该弱分类器的准确率（1-前面的误差）大于等于0.5，那么这个权重就是非负值（因为此时$\epsilon_m \leqslant 0.5$，那么对数内部就是大于等于1，那么结果大于等于零）。否则，该权重为负值。

3）我们根据模型权重更新数据的权重：

$$\omega_{m+1,i} = \frac{\omega_{mi}(x_i, y_i) \exp\left[-\theta_m y_i f_m(x_i)\right]}{Z_m} \tag{3.1-8}$$

这里的 Z_m 是规范化因子，确保所有的数据权重总和为1。解释一下这个公式的含义，指数内部 $-\theta_m y f_m(x_i)$ 这个乘积的含义是如果弱分类器m的分类结果和真实的结果一致，那么结果是 $-\theta_m$，是一个负值，那么 $\exp\left[-\theta_m y_i f_m(x_i)\right]$ 结果小于1。也就是说，该数据集的样本权重降低；否则，该数据样本的权重增高。因此，通过这种计算就可以让那些容易分错的样本的权重升高，容易分对的样本权重降低。继续迭代，就会导致对难分的样本能分对的模型的权重上涨。最终，达到一个强分类器的目的。

以表3.1-4进行分析如下。

钢材价格 表 3.1-4

日期	价格 （元/t）	日期	价格 （元/t）	日期	价格 （元/t）	日期	价格 （元/t）
2014-1-1	3670	2015-7-1	2290	2017-1-1	3630	2018-7-1	4600
2014-2-1	3560	2015-8-1	2430	2017-2-1	3720	2018-8-1	4700
2014-3-1	3420	2015-9-1	2400	2017-3-1	4100	2018-9-1	4950
2014-4-1	3450	2015-10-1	2310	2017-4-1	4030	2018-10-1	5030
2014-5-1	3510	2015-11-1	2210	2017-5-1	3820	2018-11-1	5080
2014-6-1	3410	2015-12-1	2170	2017-6-1	4060	2018-12-1	4390
2014-7-1	3370	2016-1-1	2170	2017-7-1	4040	2019-1-1	4290
2014-8-1	3320	2016-2-1	2130	2017-8-1	4370	2019-2-1	4280
2014-9-1	3150	2016-3-1	2400	2017-9-1	4650	2019-3-1	4320
2014-10-1	3060	2016-4-1	2680	2017-10-1	4540	2019-4-1	4400
2014-11-1	3150	2016-5-1	3030	2017-11-1	4570	2019-5-1	4530
2014-12-1	3080	2016-6-1	2470	2017-12-1	5130	2019-6-1	4410
2015-1-1	3090	2016-7-1	2580	2018-1-1	4700	2019-7-1	4410
2015-2-1	2580	2016-8-1	2720	2018-2-1	4460	2019-8-1	4310
2015-3-1	2570	2016-9-1	2750	2018-3-1	4540	2019-9-1	4160
2015-4-1	2640	2016-10-1	2720	2018-4-1	4230	2019-10-1	4250
2015-5-1	2610	2016-11-1	3030	2018-5-1	4530	2019-11-1	4260
2015-6-1	2490	2016-12-1	3530	2018-6-1	4580	2019-12-1	4490

日期	价格 （元/t）	日期	价格 （元/t）	日期	价格 （元/t）	日期	价格 （元/t）
2020-1-1	4180	2020-4-1	3945	2020-7-1	3970	2020-10-1	4110
2020-2-1	4010	2020-5-1	3895	2020-8-1	4050		
2020-3-1	3940	2020-6-1	3980	2020-9-1	4120		

代码清单 3.1.3 决策树、AdaBoost 回归分析

```python
import numpy as np
import matplotlib.pyplot as plt
import pandas as pd
from sklearn.tree import DecisionTreeRegressor
from sklearn.ensemble import AdaBoostRegressor
import datetime
discfile = '../bq/steelprice.xlsx'
data = pd.read_excel(discfile)
X = np.arange(0, 82)[:, np.newaxis]
y=data[' 价格 '].tolist()
data1=data[' 日期 '].values# 成为 'numpy.ndarray'
data1=data1.tolist()#'numpy.ndarray' 转 list
data3=[]
for i in range(len(data1)):
    s=str(data1[i])# 转为字符
    dateArray = datetime.datetime.fromtimestamp(int(s[0:10]))# 取前十位，并转
为数字
    data3.append(dateArray.strftime("%Y-%m"))
regr_1 = DecisionTreeRegressor(max_depth=4)
```

```
regr_2 =
AdaBoostRegressor(DecisionTreeRegressor(max_depth=4),n_estimators=300)
```

最大迭代次数

```
regr_1.fit(X, y)

regr_2.fit(X, y)
```

预测价格

```
y_1 = regr_1.predict(X)

y_2 = regr_2.predict(X)
```

绘图

```
plt.figure()

plt.xticks(range(0,len(data3)+1,4),data3[0:len(data3):4],fontsize=10,rotation=20)#x
```

[0:len(x):4] 取列表中所有的项作为标签，步长 4,

```
rotation='vertical'

plt.yticks(fontsize=12)

plt.scatter(X, y, c="k", label=" 样本 ")

plt.plot(X, y_1, c="g", label=" 决策树回归 ", linewidth=2)

plt.plot(X, y_2, c="r", label="AdaBoostRegressor 迭代 300 次 ", linewidth=2)

plt.rcParams['font.sans-serif']=['SimHei'] # 正常显示中文标签

plt.rcParams['axes.unicode_minus'] = False # 正常显示负号

plt.xlabel(" 日期 ",fontsize=12)

plt.ylabel(" 价格 ( 元 /t)",fontsize=12)

plt.title(" 决策树、AdaBoost 回归分析 ",fontsize=14)

plt.legend()

plt.show()
```

程序运行结果见图3.1-4。

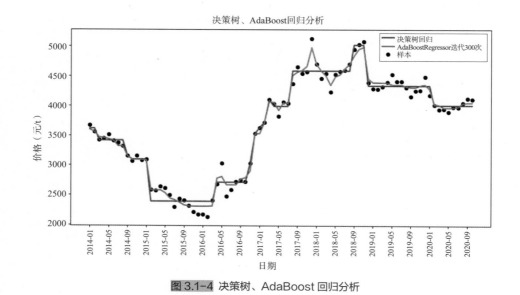

图 3.1-4　决策树、AdaBoost 回归分析

● 3.1.4　神经网络

1943年，心理学家莫克罗（W. S. McCulloch）和数理逻辑学家彼特（W. Pitts）建立了神经网络和数学模型，称为MP模型。他们通过MP模型提出了神经元的形式化数学描述和网络结构方法，证明了单个神经元能执行逻辑功能，从而开创了人工神经网络研究的时代。

人工神经网络具有自学习、自组织、自适应以及很强的非线性函数逼近能力，拥有强大的容错性。它可以实现仿真、二值图像识别、预测以及模糊控制等功能。是处理非线性系统的有力工具。典型的神经网络具有以下3部分。

网络结构——网络结构指定了网络中的变量和它们的拓扑关系。通常情况下，神经网络中的变量可以是神经元连接的权重和神经元的激励值。

激励规则——大部分神经网络模型具有一个短时间尺度的动力学规则，从而定义神经元如何根据其他神经元的活动改变自己的激励值。一般来说，激励函数依赖于网络中的权重（即该网络的参数）。

学习规则——学习规则指定了网络中的权重如何随着时间推进而调整，一般被看作一种长时间尺度的动力学规则。一般情况下，学习规则依赖于神经元的激励值。另外，学习规则也可能依赖于监督者提供的目标值和当前权重的值。例如，用于判断造价高低的神经元网络有一组输入神经元，输入神经元会被输入项目基本情况激活。在激励值被加权并通过一个函数（由网络的设计者确定）后，这些神经元的激励值被传递到其他神经元。这个过程不断重复，直到输出神经元被激发。最后，输出神经元的激励值决定了识别出来的造价情况。

图3.1-5是一个简单的神经网络，共有3层，包括1个输入层、1个隐藏层、1个输出层。每一层都由神经元组成，每一个神经元分别与下一层的神经元相连接，这个连接是以矩阵权重的方式进行的。

神经网络主要经历了两次传播，分别为前向传播（Forward Propagation）和反向传播（Back Propagation）。

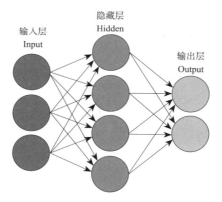

图 3.1-5 简单的神经网络

（1）前向传播

假设一个两层的神经网络，其传播过程如下：先将训练数据输入神经网络，训练数据通过隐藏层神经元，通常是一个线性过程，$y_{hidden} = \omega x + b$，其中，$x$ 为输入的原始数据，y 为隐藏层的线性部分的输出，而 ω 和 b 为隐藏层中的相关参数；在得到 y_{hidden} 之后，会通过一个激活函数。这一步十分有必要，因为一个没有激活函数的神经网络永远是线性的。

在前向传播过程中，输出又被称作激励响应 y_{out}，根据激励响应同训练输入对应的目标输出 y_{true} 求损失值 J，从而获得隐藏层和输出层的响应误差。至此，第一

阶段的前向传播完成，损失值的公式为

$$J_i = \frac{\left(y_{outi} - y_{truei}\right)^2}{n} \qquad (3.1\text{-}9)$$

则总的损失为

$$J = \sum_{i=0}^{n} J_i \qquad (3.1\text{-}10)$$

（2）反向传播

反向传播的作用是更新每一个神经元上的权重及偏移系数，当梯度下降到0时，便可以求得对应的参数。在前向传播过程中，最后会计算其损失J，在反向传播中，将损失J看作一个关于相关系数的函数，记作$J(\omega,b)$。在此，以网络中的单个神经元的反向传播为例，图3.1-6是一个神经元从输入到输出的一个详细过程，由输入数据x，通过线性变换得到y_{hidden}，通过激活函数得到最终的输出y_{out}。

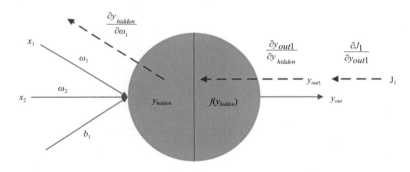

图 3.1-6 反向传播过程

本例中，以更新ω_1为例，其公式为

$$\frac{\partial J_1}{\partial \omega_1} = \frac{\partial J_1}{\partial \omega_1} \qquad (3.1\text{-}11)$$

根据链式法则可知，存在一条反向传播路径，原求导公式可以表示为

$$\frac{\partial J_1}{\partial \omega_1} = \frac{\partial J_1}{\partial y_{out1}} \times \frac{\partial y_{out1}}{\partial y_{hidden}} \times \frac{\partial y_{hidden}}{\partial \omega_1} \qquad (3.1\text{-}12)$$

同理，对神经网络模型上每一个神经元中的权重及偏移系数做上述处理，权

重就可以得到更新，每次更新视为一个批量，将所有的数据完成训练一遍称为一轮（Epoch），随着前向传播和反向传播交替进行，直到达到规定的轮数或者网络对输入的响应达到预定的目标范围为止。

使用表3.1-1的数据，进行BP神经网络预测。

代码清单 3.1.4　BP 神经网络

```
import numpy as np
import pandas as pd
# 参数初始化
inputfile = '../bq/BP 算法预测造价高低 .xlsx'
data = pd.read_excel(inputfile, index_col = u' 序号 ')  # 导入数据


# 数据是类别标签，要将它转换为数据
#用 1 来表示"是""高"这三个属性，用 0 来表示"否""低"
data[data == u' 是 '] = 1
data[data == u' 高 '] = 1
data[data != 1] = 0
x = data.iloc[:,:5].astype(int)
print(x)
y = data.iloc[:,5].astype(int)
print(y)


from keras.models import Sequential
from keras.layers.core import Dense, Activation
```

```
model = Sequential() # 建立模型
model.add(Dense(input_dim = 5, units = 10))
model.add(Activation('relu')) # 用 relu 函数作为激活函数，能够大幅提供准确度
model.add(Dense(input_dim = 10, units = 1))
model.add(Activation('sigmoid')) # 由于是 0-1 输出，用 sigmoid 函数作为激活
函数

model.compile(loss = 'binary_crossentropy', optimizer = 'adam')
# 编译模型。由于我们做的是二元分类，所以我们指定损失函数为 binary_
crossentropy，以及模式为 binary
# 另外常见的损失函数还有 mean_squared_error、categorical_crossentropy 等，
请阅读帮助文件
# 求解方法我们指定用 adam，还有 sgd、rmsprop 等可选

model.fit(x, y, epochs = 500, batch_size = 10) # 训练模型，学习五百次
yp = model.predict_classes(x).reshape(len(y)) # 分类预测
from cm_plot import * # 导入自行编写的混淆矩阵可视化函数
cm_plot(y,yp).show() # 显示混淆矩阵可视化结果
```

程序运行过程见图3.1–7。程序运行结果见图3.1–8。

```
Epoch 495/500
1/2 [==============>...............] - ETA: 0s - loss: 0.0217□□□□□□□□□□□□□□□□□□□□□□□□□□□□□□□□□□□□□□□□□□□□□□□□□□□□□□□□□□□□□□□□2/2 [
==============================] - ETA: 0s - loss: 0.0538□□□□□□□□□□□□□□□□□□□□□□□□□□□□□□□□□□□□□□□□□□□□□□□□□□□□□□□□□□□□□□□□2/2 [=====
==========================] - 0s 167ms/step - loss: 0.0538
Epoch 496/500
1/2 [==============>...............] - ETA: 0s - loss: 0.0207□□□□□□□□□□□□□□□□□□□□□□□□□□□□□□□□□□□□□□□□□□□□□□□□□□□□□□□□□□□□□□□□2/2 [
==============================] - 0s 4ms/step - loss: 0.0535
Epoch 497/500
1/2 [==============>...............] - ETA: 0s - loss: 0.0532□□□□□□□□□□□□□□□□□□□□□□□□□□□□□□□□□□□□□□□□□□□□□□□□□□□□□□□□□□□□□□□□2/2 [
==============================] - 0s 5ms/step - loss: 0.0533
Epoch 498/500
1/2 [==============>...............] - ETA: 0s - loss: 0.0678□□□□□□□□□□□□□□□□□□□□□□□□□□□□□□□□□□□□□□□□□□□□□□□□□□□□□□□□□□□□□□□□2/2 [
==============================] - ETA: 0s - loss: 0.0530□□□□□□□□□□□□□□□□□□□□□□□□□□□□□□□□□□□□□□□□□□□□□□□□□□□□□□□□□□□□□□□□2/2 [=====
==========================] - 0s 168ms/step - loss: 0.0530
Epoch 499/500
1/2 [==============>...............] - ETA: 0s - loss: 0.0729□□□□□□□□□□□□□□□□□□□□□□□□□□□□□□□□□□□□□□□□□□□□□□□□□□□□□□□□□□□□□□□□2/2 [
==============================] - 0s 9ms/step - loss: 0.0527
Epoch 500/500
1/2 [==============>...............] - ETA: 0s - loss: 0.0839□□□□□□□□□□□□□□□□□□□□□□□□□□□□□□□□□□□□□□□□□□□□□□□□□□□□□□□□□□□□□□□□2/2 [
==============================] - 0s 3ms/step - loss: 0.0525
```

图 3.1–7 运行过程

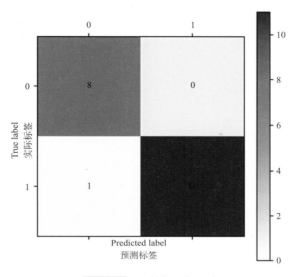

图 3.1-8 BP 神经网络预测

3.1.5 支持向量机回归

支持向量机（Support Vector Machine，SVM）是一类按监督学习（supervised learning）方式对数据进行二元分类的广义线性分类器（generalized linear classifier），其决策边界是对学习样本求解的最大边距超平面（maximum-margin hyperplane）。

SVM使用铰链损失函数（hinge loss）计算经验风险（empirical risk）并在求解系统中加入了正则化项以优化结构风险（structural risk），是一个具有稀疏性和稳健性的分类器。SVM可以通过核方法（kernel method）进行非线性分类，是常见的核学习（kernel learning）方法之一。

SVM被提出于1964年，在20世纪90年代后得到快速发展并衍生出一系列改进和扩展算法，在人像识别、文本分类等模式识别（pattern recognition）问题中得到应用。

SVM经常用于线性不可分的情况。如图3.1-9（a）所示，图中是一组二维数据样本，有两种类型的数据。如果用线性的方法，则需要一条直线将两种不同类型的数据进行分隔，显然无法实现。但是，如果将二维数据投射到三维或者更高维度中，这个问题就可能迎刃而解，如图3.1-9（b）所示。将二维数据通过一个多维函数（核函数，实现高维投射），使用一个超平面就可以对数据进行分隔。

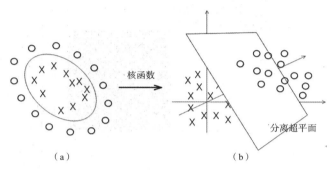

图 3.1-9 SVM 分类

图中的分离超平面即为决策边界。边界可以分为硬间隔（Hard Margin）和软间隔（Soft Margin）。

（1）硬间隔

给定一些数据点，它们分别属于两个不同的类，现在要找到一个线性分类器把这些数据分成两类。如果用x表示数据点，用y表示类别（y可以取1或者–1，分别代表两个不同的类），一个线性分类器的学习目标便是要在n维的数据空间中找到一个超平面（hyper plane）。这个超平面的方程可以表示为：$f(x)=\omega^{T}x+b$，ω^{T}中的T代表转置，ω表示参数向量，b代表节距。

在超平面$\omega^{T}x+b=0$确定的情况下，$|\omega^{T}x+b|$能够表示点x到距离超平面的远近。而通过观察$\omega^{T}x+b$的符号与类标记y的符号是否一致，可判断分类是否正确。所以，可以用$y(\omega^{T}x+b)$的正负性来判定或表示分类的正确性。于是，我们便引出了函数间隔（functional margin）的概念。

$$\hat{\gamma} = y(\omega^{T}x+b) = yf(x) \qquad (3.1-13)$$

而超平面(ω, b)关于T中所有样本点(x_i, y_i)的函数间隔最小值（其中，x是特征，y是结果标签，i表示第i个样本），便为超平面(ω, b)关于训练数据集T的函数间隔：

$$\hat{\gamma} = \min \gamma_i, i = 1, 2, \cdots, n \qquad (3.1-14)$$

但这样定义的函数间隔有问题，即如果成比例的改变 ω 和 b（如将它们改成 2ω 和 $2b$），则函数间隔的值 $f(x)$ 却变成了原来的 2 倍（虽然此时超平面没有改变），所以只有函数间隔还不够。

为了解决上述问题，需对向量 ω 加上约束条件，从而引出真正定义点到超平面的距离，即几何间隔（geometrical margin）的概念。

假定对于一个点 x，令其垂直投影到超平面上的对应点为 x_0，ω 是垂直于超平面的一个向量，γ 为样本 x 到超平面的距离。

$$x = x_0 + \gamma \frac{\omega}{\|\omega\|} \qquad (3.1-15)$$

其中，$\|\omega\|$ 为 ω 的二阶范数（范数是一个类似于模的表示长度的概念），$\frac{\omega}{\|\omega\|}$ 是单位向量（一个向量除以它的模称之为单位向量）。

又由于 x_0 是超平面上的点，满足 $f(x_0)=0$，代入超平面的方程 $\omega^T x+b=0$，可得 $\omega^T x_0+b=0$，即 $\omega^T x_0=-b$。

随即，让式 $x = x_0 + \gamma \frac{\omega}{\|\omega\|}$ 的两边同时乘以 ω^T，再根据 $\omega^T x_0 = -b$ 和 $\omega^T \omega = \|\omega\|^2$，即可算出 γ：

$$\gamma = \frac{\omega^T x + b}{\|\omega\|} = \frac{f(x)}{\|\omega\|} \qquad (3.1-16)$$

为了得到 γ 的绝对值，令 γ 乘上对应的类别 y，即可得出几何间隔（用 $\tilde{\gamma}$ 表示）的定义：

$$\tilde{\gamma} = y\gamma = \frac{\hat{\gamma}}{\|\omega\|} \qquad (3.1-17)$$

（2）最大间隔分类器

对一个数据点进行分类，当超平面离数据点的"间隔"越大，分类的确信度（confidence）也越大。所以，为了使得分类的确信度尽量高，需要让所选择的超平面能够最大化这个"间隔"值。这个间隔就是图3.1-10中Gap的一半。

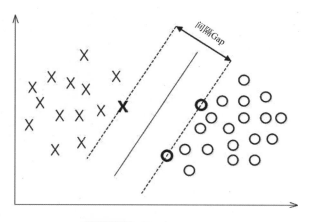

图 3.1-10 数据之间的间隔

通过由前面的分析可知：函数间隔不适合用来最大化间隔值，因为在超平面固定以后，可以等比例地缩放 ω 的长度和 b 的值，这样可以使得 $f(x)=\omega^T x+b$ 的值任意大，亦即函数间隔 $\hat{\gamma}$ 可以在超平面保持不变的情况下被取得任意大。但几何间隔因为除上了 $\|\omega\|$，使得在缩放 ω 和 b 的时候几何间隔 $\tilde{\gamma}$ 的值是不会改变的，它只随着超平面的变动而变动，因此，这是更加合适的一个间隔。换而言之，这里要找的最大间隔分类超平面中的"间隔"指的是几何间隔。

于是，最大间隔分类器（maximum margin classifier）的目标函数可以定义为：

$\max \tilde{\gamma}$

同时，需满足一些条件。根据间隔的定义有：

$$s.t., y_i(\omega^T x_i + b) = \hat{\gamma}_i \geqslant \hat{\gamma},\ i=1,2,\cdots,n \qquad (3.1\text{--}18)$$

其中，$s.t.$ 即 subject to 的意思，它导出的是约束条件。

回顾一下几何间隔的定义 $\tilde{\gamma}=y\gamma=\dfrac{\hat{\gamma}}{\|\omega\|}$，可知：如果令函数间隔 $\hat{\gamma}$ 等于 1（之所以令 $\hat{\gamma}$ 等于 1，是为了方便推导和优化，且这样做对目标函数的优化没有影响），则有 $\tilde{\gamma}=\dfrac{1}{\|\omega\|}$ 且 $y_i(\omega^T x_i + b)=\hat{\gamma}_i \geqslant \hat{\gamma},\ i=1,2,\cdots,n$，从而上述目标函数转化成了：

$$\max \frac{1}{\|\omega\|}, s.t., y_i(\omega^T x_i + b) = \hat{\gamma}_i \geqslant \hat{\gamma},\ i=1,2,\cdots,n \qquad (3.1\text{--}19)$$

相当于在相应的约束条件 $y_i(\omega^T x_i + b) = \hat{\gamma}_i \geq \hat{\gamma}, \ i = 1, 2, \cdots, n$ 下，最大化 $\dfrac{1}{\|\omega\|}$ 值，而 $\dfrac{1}{\|\omega\|}$ 便是几何间隔 $\tilde{\gamma}$。

如图3.1-11所示，中间的实线便是寻找到的最优超平面（Optimal Hyper Plane），其到两条虚线边界的距离相等，这个距离便是几何间隔 $\tilde{\gamma}$，两条虚线间隔边界之间的距离等于 $2\tilde{\gamma}$，而虚线间隔边界上的点则是支持向量。由于这些支持向量刚好在虚线间隔边界上，所以它们满足 $y\left(\omega^T x + b\right) = 1$（前文中，为了方便推导和优化的目的，我们令 $\hat{\gamma} = 1$），而对于所有不是支持向量的点，则显然有 $y\left(\omega^T x + b\right) > 1$。

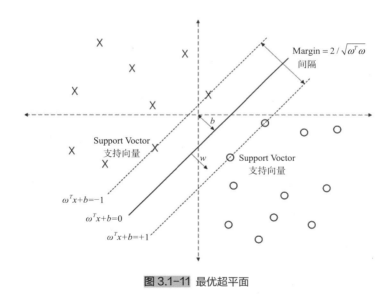

图 3.1-11 最优超平面

（3）软间隔

有时候数据中混入了异常点，无法实现线性可分。如果训练数据是线性不可分的，采用硬间隔的方法无法达到理想效果。如图3.1-12所示，无法通过一条直线将两种不同类型的数据分开。

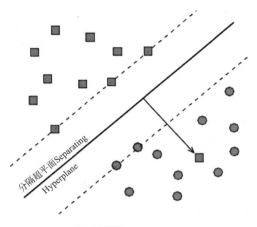

图 3.1-12 异常点情况

线性不可分的情况存在新的损失函数，即铰链损失函数（Hinge Loss）。

铰链损失是训练分类器的一个损失函数。铰链损失函数同样用于最大间隔分类，预测 y 的铰链损失函数形式如下：

$$\ell(y) = \max\left(0, 1 - y\left(\omega^{T} + b\right)\right) \qquad （3.1-20）$$

式中，y 为标签输出 1 或者 -1，$\omega^{T} + b$ 表示某个超平面分类器。这个铰链损失函数表示，如果点被正确分类，且函数间隔大于 1，损失是 0；否则，损失是 $1 - y\left(\omega^{T} + b\right)$。

因此可知，如果样本点 x 位于边距的正确一侧，则此函数为 0。对于在边距错误一侧的数据，函数的值与距边界的距离成正比。应尽量减少这种误差，于是希望损失最小：

$$\min\left[\frac{1}{n}\sum_{i=1}^{n}\ell(y_i)\right] + \lambda\|\omega\| \qquad （3.1-21）$$

式中，λ 作为调整间隔宽度的一个参数，能够间接影响数据点的分类情况。如果 λ 足够小，则 $\lambda\|\omega\|$ 的损失可以忽略不计。

（4）核函数

大部分的时候，数据并不是线性可分的。这时，满足这样条件的超平面根本就不存在。在上文中，我们已经了解到了 SVM 处理线性可分的情况，SVM 如何处理非线性的数据呢? 对于非线性的情况, SVM的处理方法是选择一个核函数$\kappa(\cdot,\cdot)$, 通过将数据映射到高维空间, 来解决在原始空间中线性不可分的问题, 如图3.1-13所示。

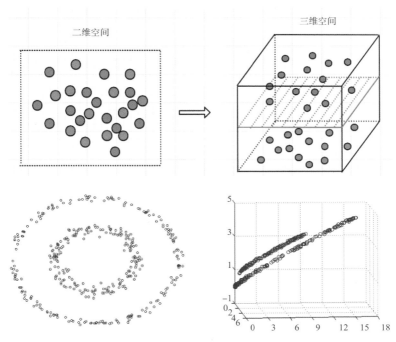

图 3.1-13　数据映射到高维空间

常用的核函数有以下几种:

1) 多项式核函数 (Polynomial Kernel), 其中d代表次数, r代表非齐次项系数, 具体如下:

$$k\left(x,x'\right)=\left(x\cdot x'+r\right)^{d} \qquad (3.1\text{-}22)$$

2) 高斯核函数, 具体如下:

$$k\left(x,x'\right)=\exp\left(-\frac{\left\|x-x'\right\|^{2}}{2\sigma^{2}}\right) \qquad (3.1\text{-}23)$$

3) 径向基核函数 (Radical Basic Function, RBF Kernel), γ隐含地决定了数据映射到新的特征空间后的分布, 具体如下:

$$k\left(x,x'\right)=\exp\left(\gamma\left\|x-x'\right\|^{2}\right) \qquad (3.1\text{-}24)$$

4）Sigmoid核函数，r代表相关系数，具体如下：

$$k(x,x') = \tanh(\gamma x \cdot x' + r) \tag{3.1-25}$$

支持向量机既可以用作回归也可以用作分类，Sklearn中提供的方法类十分丰富，包括线性核支持向量机和非线性核支持向量机。

1）线性核支持向量机

sklearn.svm.LinearSVC()——线性核支持向量机分类器；

sklearn.svm.LinearSVR()——线性核支持向量机回归器。

2）非线性核支持向量机

svm.NuSVC()——非线性核支持向量机分类器（Nu参数）；

svm.NuSVR()——非线性核支持向量机回归器（Nu参数）；

svm.SVC()——非线性核支持向量机分类器（c参数）；

svm.SVR()——非线性核支持向量机回归器（c参数）。

不同的核函数对应不同的映射方式。在SVM算法中，核函数的选择非常关键，好的核函数会将样本映射到合适的特征空间，从而训练出更优的模型。核函数将线性SVM扩展成了非线性SVM，使得SVM更具普适性。运用表3.1-4数据进行支持向量机回归分析如下。

代码清单 3.1.5-1　支持向量机回归

```
import numpy as np

from sklearn.svm import SVR

import matplotlib.pyplot as plt

import pandas as pd

import datetime


discfile = '../bq/steelprice.xlsx'

data = pd.read_excel(discfile)
```

```python
X = np.arange(0, 82)[:, np.newaxis]
y=data[' 价格 '].tolist()
data1=data[' 日期 '].values# 成为 'numpy.ndarray'
data1=data1.tolist()#'numpy.ndarray' 转 list
data3=[]
for i in range(len(data1)):
    s=str(data1[i])# 转为字符
    dateArray = datetime.datetime.fromtimestamp(int(s[0:10]))# 取前十位，并转
为数字
    data3.append(dateArray.strftime("%Y-%m"))


# 回归模型
regr_rbf = SVR(kernel='rbf', C=1000, gamma=0.1, epsilon=.1)
regr_lin = SVR(kernel='linear', C=100, gamma='auto')
regr_poly=SVR(kernel='poly', C=10000, gamma=0.01)#, degree=3,
epsilon=.1,coef0=1)


# 训练数据
regr_rbf.fit(X, y)
regr_lin.fit(X, y)
regr_poly.fit(X, y)
# 预测
y_1 = regr_rbf.predict(X)
y_2 = regr_lin.predict(X)
y_3 = regr_poly.predict(X)


# 绘图
```

```
plt.figure()
plt.xticks(range(0,len(data3)+1,4),data3[0:len(data3):4],fontsize=10,rotation=20)#x
[0:len(x):4] 取列表中所有的项作为标签，步长 4，rotation='vertical'
plt.scatter(X, y, c="k", label=" 样本 ")
plt.plot(X, y_1, c="g", label="Rbf", linewidth=2)
plt.plot(X, y_2, c="r", label=" 线性 ", linewidth=2)
plt.plot(X, y_3, c="#0000FF", label="Poly", linewidth=2)


plt.rcParams['font.sans-serif']=['SimHei'] # 正常显示中文标签
plt.rcParams['axes.unicode_minus'] = False # 正常显示负号
plt.xlabel(" 日期 ",fontsize=12)
plt.ylabel(" 价格（元 /t)",fontsize=12)
plt.title(" 支持向量机回归分析 ",fontsize=14)
plt.legend()
plt.show()
```

程序运行结果见图3.1-14。

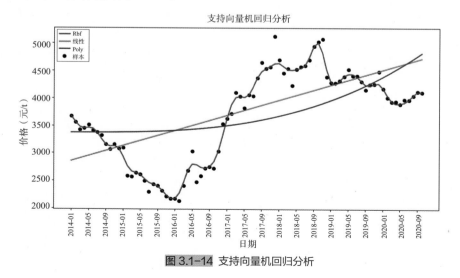

图 3.1-14 支持向量机回归分析

支持向量机同样可以进行分类，表3.1-5是挖一般土方清单，运用线性、多项式和径向基核方法进行分析，从分析结果看，径向基核的方法效果较好。

挖一般土方清单价格　　　　　　　　　表 3.1-5

序号	编号	名称	单位	单价1（元）	单价2（元）
1	010101002001	挖一般土方	m³	5.1	5.5
2	010101002002	挖一般土方	m³	5.12	5.45
3	010101002001	挖一般土方	m³	5.13	5.55
4	010101002003	挖一般土方	m³	5.14	5.45
5	010101002004	挖一般土方	m³	5.15	5.4
6	010101002002	挖一般土方	m³	6.1	6.2
7	010101002001	挖一般土方	m³	3.4	3.4
8	010101002002	挖一般土方	m³	4.6	3.5
9	010101002001	挖一般土方	m³	3.6	4
10	010101002002	挖一般土方	m³	4.1	6.2

代码清单 3.1.5-2　　支持向量机分类

```
import numpy as np

import pandas as pd

import matplotlib.pyplot as plt

from sklearn import svm


datafile = '../bq/SVM-excercise1.xlsx'

data = pd.read_excel(datafile,dtype={' 编号 ':str})  # 这个地方的 data 的类型是
DataFrame

data=data.loc[:,[' 编号 ',' 单价 1',' 单价 2',' 挖土深度 ']]# 选取编号和价格两个字段

data[' 编号 ']=data[' 编号 '].map(lambda x: x[:9])# 编号取前 9 位

X = data.loc[:,[' 单价 1',' 单价 2']]
```

```python
Y = [1,1,1,1,1,2,2,2,2,2]
# 解决 '(slice(None, None, None), 0)' is an invalid key
X=np.array(X).tolist()
n_sample = len(X)
np.random.seed(0)
order = np.random.permutation(n_sample)
X=np.array(X)
# 绘图数量
fignum = 1


X_train = X[:int(.8 * n_sample)]# 取前 80% 的样本作为训练集
y_train = Y[:int(.8 * n_sample)]
X_test = X[int(.8 * n_sample):]# 取 80% 之后的样本作为训练集
y_test = Y[int(.8 * n_sample):]


# 训练模型
for kernel in ('linear', 'poly', 'rbf'):
    clf = svm.SVC(kernel=kernel, gamma=2)
    clf.fit(X_train, y_train)
    # 绘制线、点和距离平面最近的向量
    plt.figure(fignum, figsize=(4, 3))
    plt.clf()

    plt.scatter(X_test[:, 0], X_test[:, 1], s=80,
            facecolors='none', zorder=10, edgecolors='k')
    plt.scatter(X[:, 0], X[:, 1], c=Y,zorder=10, cmap=plt.cm.Paired,edgecolors='k',s=20)
```

```
plt.axis('tight')

x_min = X[:, 0].min()

x_max = X[:, 0].max()

y_min = X[:, 1].min()

y_max = X[:, 1].max()


XX, YY = np.mgrid[x_min:x_max:200j, y_min:y_max:200j]

    Z = clf.decision_function(np.c_[XX.ravel(), YY.ravel()])
```
也可用 predict 方法 decision_function，如果用 predict, 因为结果是一个列表，所以 Z=Z[:,0] 不能用

```
# 绘图

#Z=Z[:,0]
```
取数组的第一列，在特征数量大于 2 的时候需要添加此语句

```
Z = Z.reshape(XX.shape)

plt.figure(fignum, figsize=(4, 3))

plt.pcolormesh(XX, YY, Z>0, cmap=plt.cm.Paired)

    c=plt.contour(XX, YY, Z, colors=['k', 'k', 'k'], linestyles=['--', '-',
'--'],levels=[0,0.3,0.6])
```
设置等高线

```
plt.clabel(c,inline=True,fontsize=10)
```
等高线标识

```
plt.rcParams['font.sans-serif']=['SimHei']
```
正常显示中文标签

```
plt.rcParams['axes.unicode_minus'] = False
```
正常显示负号

```
plt.xlabel(" 价格下限 ( 元 /m$\mathregular{^3}$)")
```
上标用 ^，下标用 _

```
plt.ylabel(" 价格上限 ( 元 /m$\mathregular{^3}$)")


if kernel=='linear':

    plt.title(" 线性分析 ")

if kernel=='rbf':

    plt.title(" 径向基核分析 ")
```

```
    if kernel=='poly':

        plt.title(" 多项式性核分析 ")

    fignum = fignum + 1

plt.show()
```

程序进行结果见图 3.1-15。

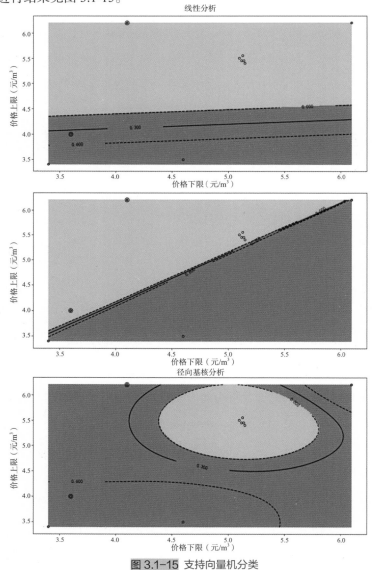

图 3.1-15 支持向量机分类

3.1.6　灰色模型 + 支持向量机预测造价趋势

（1）灰色预测的概念

1）灰色系统、白色系统和黑色系统

① 白色系统是指一个系统的内部特征是完全已知的，即系统信息是完全充分的。

② 黑色系统是一个系统的内部信息对外界来说是一无所知的，只能通过它与外界的联系来加以观测研究。

③ 灰色系统介于白色和黑色之间，灰色系统内的一部分信息是已知的，另一部分信息是未知的，系统内各因素之间有不确定的关系。

2）灰色预测法

① 灰色预测法是一种预测灰色系统的预测方法。

② 灰色预测通过鉴别系统因素之间发展趋势的相异程度，即进行关联分析，并对原始数据进行生成处理来寻找系统变动的规律，生成有较强规律性的数据序列；然后，建立相应的微分方程模型，从而预测事物未来发展趋势的状况。

（2）关联分析

关联分析实际上是动态过程发展态势的量化比较分析。所谓发展态势比较，也就是系统各时期有关统计数据的集合关系的比较。

很显然，几何形状越接近，关联程度也就越大。当然，直观分析对于稍微复杂一些的问题则显得难于进行。因此，需要给出一种计算方法来衡量因素间关联程度的大小。

以表3.1-6为例分析如下。

主要材料、人工价格　　　　　　　　　　表 3.1-6

日期	成型钢筋（元/t）	预拌混凝土（泵送）C30（元/m³）	综合人工1（元/工日）	综合人工2（元/工日）	塑钢平开门（含玻璃）60系列（元/m²）	铝合金窗（含玻璃）80系列（元/m²）	蒸压砂加气混凝土砌块（元/m³）	黄砂（元/t）	造价（元/m²）
2018-1-1	4700	560	138	189	385	320	319.7	130	3100

续表

日期	成型钢筋（元/t）	预拌混凝土（泵送）C30（元/m³）	综合人工1（元/工日）	综合人工2（元/工日）	塑钢平开门（含玻璃）60系列（元/m²）	铝合金窗（含玻璃）80系列（元/m²）	蒸压砂加气混凝土砌块（元/m³）	黄砂（元/t）	造价（元/m²）
2018-2-1	4460	525	138	189	385	320	313.3	126	3110
2018-3-1	4540	510	138	189	385	320	310.17	123	3110
2018-4-1	4230	520	141	192	385	320	341.19	123	3115
2018-5-1	4530	555	141	192	381.71	317.26	348.01	139	3120
2018-6-1	4580	545	141	192	381.71	317.26	342.09	139	3120
2018-7-1	4600	545	142	193	381.71	317.26	376.3	139	3120
2018-8-1	4700	545	142	193	381.71	317.26	376.3	139	3120
2018-9-1	4950	560	142	193	381.71	317.26	378.18	150	3120
2018-10-1	5030	570	143	195	381.71	317.26	378.18	152	3100
2018-11-1	5080	610	143	195	381.71	317.26	429.48	164	3100
2018-12-1	4390	625	143	195	381.71	317.26	429.48	165	3100
2019-1-1	4290	600	143	185	381.71	317.26	427.34	165	3300
2019-2-1	4280	600	143	185	381.71	317.26	427.34	165	3300
2019-3-1	4320	575	143	185	381.71	317.26	432.04	165	3300
2019-4-1	4400	607	143	185	381.71	317.26	432.9	170	3320
2019-5-1	4530	612	143	185	381.71	317.26	432.9	172	3320
2019-6-1	4410	612	143	185	381.71	317.26	432.9	172	3320
2019-7-1	4410	600	153	205	381.71	317.26	426.43	172	3350
2019-8-1	4310	600	153	205	381.71	317.26	426.43	172	3350
2019-9-1	4160	615	153	205	381.71	317.26	426.43	172	3350
2019-10-1	4250	625	153	205	381.71	317.26	426.43	178	3360
2019-11-1	4260	655	153	205	381.71	317.26	430.69	190	3360
2019-12-1	4490	685	153	205	381.71	317.26	430.69	193	3360
2020-1-1	4180	681	153	205	381.71	317.26	430.69	193	3390

续表

日期	成型钢筋（元/t）	预拌混凝土（泵送）C30（元/m³）	综合人工1（元/工日）	综合人工2（元/工日）	塑钢平开门（含玻璃）60系列（元/m²）	铝合金窗（含玻璃）80系列（元/m²）	蒸压砂加气混凝土砌块（元/m³）	黄砂（元/t）	造价（元/m²）
2020-2-1	4010	660	153	205	381.71	317.26	426.39	190	3390
2020-3-1	3940	655	162	217	381.71	317.26	424.26	190	3390
2020-4-1	3945	645	162	217	381.71	317.26	411.53	185	3400
2020-5-1	3895	648	162	217	381.71	317.26	419.76	185	3400
2020-6-1	3980	638	162	217	381.71	317.26	417.66	182	3400
2020-7-1	3970	602	165	221	381.71	317.26	413.49	162	3390
2020-8-1	4050	627	165	221	381.71	317.26	415.55	174	3390
2020-9-1	4120	637	165	221	430	395	416.8	173	3420
2020-10-1	4110	663	165	221	430	395	420.26	186	3420

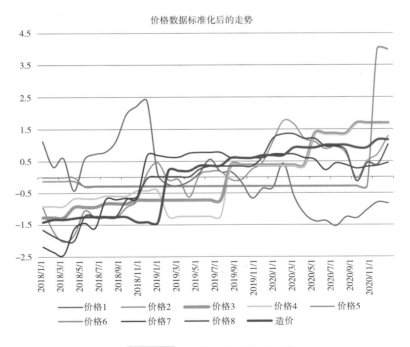

图 3.1-16　价格数据标准化后的走势

因为，不同人工、材料价格差异较大，在 Y 轴上的显示不明显，所以统一进行标准化处理，即新数据=（原数据-均值）/标准差。由图3.1-16可以看出，价格3（综合人工1）的走势与造价走势比较接近，我们可以理解为综合人工和造价关系比较密切。

（3）灰色生成数列

灰色系统理论认为，尽管客观表象复杂，但总是有整体功能的，因此必然蕴含某种内在规律。关键在于如何选择适当的方式去挖掘和利用它。表3.1-5中，我们选取了土建工程中占比较高的人工和材料，作为灰色模型分析的对象。根据二八定律，可以通过对少数占比较高的人工和材料进行分析，完成对整个项目造价走势的预测。

灰色系统通过对原始数据的整理来寻求其变化规律的，这是一种就数据寻求数据的现实规律的途径，也就是灰色序列的生产。一切灰色序列都能通过某种生成弱化其随机性，显现其规律性。数据生成的常用方式有累加生成、累减生成和加权累加生成。

1）累加生成（AGO）

设原始数据列为 $x^{(0)} = \left(x^0(1), x^0(2), \cdots, x^0(n) \right)$，令

$$x^{(1)}(k) = \sum_{i=1}^{k} x^{(0)}(i), k = 1, 2, \cdots, n \qquad （3.1-26）$$

$$x^{(1)} = \left(x^1(1), x^1(2), \cdots, x^1(n) \right) \qquad （3.1-27）$$

称所得到的新数列为数列 $x^{(0)}$ 的1次累加生成数列。类似的有

$$x^{(r)}(k) = \sum_{i=1}^{k} x^{(r-1)}(i), k = 1, 2, \cdots, n, r \geqslant 1 \qquad （3.1-28）$$

称为 $x^{(0)}$ 的 r 次累加生成数列。

2）累减生成（IAGO）

如果原始数列为 $x^{(1)} = \left(x^1(1), x^1(2), \cdots, x^1(n) \right)$，令

$$x^{(0)}(k)=x^{(1)}(k)-x^{(1)}(k-1),k=2,3\cdots,n \qquad (3.1-29)$$

称所得到的数列$x^{(0)}$为$x^{(1)}$的1次累减生成数列。可以看出，通过累加数列得到的新数列，可以通过累减生成还原出原始数列。

3）加权邻值生成

如果原始数列为$x^{(1)}=\left(x^1(1),x^1(2),\cdots,x^1(n)\right)$，称任意一对相邻元素$x^{(0)}(k-1)$、$x^{(0)}(k)$互为邻值。对于常数$a\in[0,1]$，令

$$z^{(0)}(k)=ax^{(0)}(k)+(1-a)x^{(0)}(k-1),k=2,3\cdots,n) \qquad (3.1-30)$$

由此得到的数列称为邻值生成数，权a也称为生成系数。特别地，当生成系数$a=0.5$时，则称该数列为均值生成数，也称等权邻值生成数。

（4）累加生成的特点

造价数列一般都是非负数列。累加生成能使任意非负数列、摆动的与非摆动的，转化为非减的、递增的。

（5）灰色模型GM（1,1）

灰色系统理论是基于关联空间、光滑离散函数等概念定义灰导数与灰微分方程，进而用离散数据建立微分方程形式的动态模型，即灰色模型是利用离散随机数经过生成变为随机性被显著削弱而且较有规律的生成数，建立起的微分方程形式的模型，这样便于对其变化过程进行研究和描述。G表示grey（灰色），M表示model（模型）。

定义$x^{(1)}$的灰导数为

$$d(k)=x^{(0)}(k)=x^{(1)}(k)-x^{(1)}(k-1) \qquad (3.1-31)$$

令$z^{(1)}(k)$为数列$x^{(1)}$的邻值生成数列，即

$$z^{(1)}(k)=ax^{(1)}(k)+(1-a)x^{(1)}(k-1) \qquad (3.1-32)$$

于是定义GM（1,1）的灰微分方程模型为

$$d(k)+az^{(1)}(k)=b \text{ 或 } x^{(0)}(k)+az^{(1)}(k)=b \qquad (3.1-33)$$

其中，$x^{(0)}(k)$ 称为灰导数，a 称为发展系数；$z^{(1)}(k)$ 称为白化背景值，b 称为灰作用量。

将时刻 $k=2,3\cdots,n$ 代入上式，则有

$$\begin{cases} x^{(0)}(2)+az^{(1)}(2)=b \\ x^{(0)}(3)+az^{(1)}(3)=b \\ \cdots \\ x^{(0)}(n)+az^{(1)}(n)=b \end{cases} \qquad (3.1-34)$$

引入矩阵向量记号：

$$u=\begin{bmatrix} a \\ b \end{bmatrix} \quad Y=\begin{bmatrix} x^{(0)}(2) \\ x^{(0)}(3) \\ \cdots \\ x^{(0)}(n) \end{bmatrix} \quad B=\begin{bmatrix} -z^{(1)}(2) & 1 \\ -z^{(1)}(3) & 1 \\ \cdots & \cdots \\ -z^{(1)}(n) & 1 \end{bmatrix} \qquad (3.1-35)$$

于是，GM（1,1）模型可以表示为 $Y=Bu$。

接下来就是求 a 和 b 的值，可以用一元线性回归，即最小二乘法求 a 和 b 的估计值：

$$u=\begin{bmatrix} a \\ b \end{bmatrix}=\left(B^T B\right)^{-1} B^T Y \qquad (3.1-36)$$

（6）GM（1,1）的白化型

对于 GM(1,1) 的灰微分方程，如果将时刻 $k=2,3\cdots,n$ 视为连续变量 t，则之前的 $x^{(1)}$ 视为时间 t 的函数。于是，灰导数 $x^{(0)}(k)$ 变为连续函数的导数 $\dfrac{dx^{(1)}(t)}{dt}$，白化背景值 $z^{(1)}(k)$ 对应于导数 $x^{(1)}(t)$。因此，GM(1,1) 的灰微分方程对应的白微分方程为：

$$\frac{dx^{(1)}(t)}{dt}+ax^{(1)}(t)=b \qquad (3.1-37)$$

（7）GM（1,1）灰色预测的步骤

1）数据的检验与处理

为保证 GM（1,1）建模方法的可行性，需要对已知数据做必要的检验。

设原始数据列为 $x^{(0)} = \left(x^0(1), x^0(2), \cdots, x^0(n) \right)$，计算数列的级比

$$\lambda(k) = \frac{x^{(0)}(k-1)}{x^{(0)}(k)}, k = 2, 3, \cdots, n \qquad (3.1\text{-}38)$$

如果所有的级比都落在可容覆盖区间 $X = \left(e^{\frac{-2}{n+1}}, e^{\frac{2}{n+1}} \right)$ 内，则数列 $x^{(0)}$ 可以建立 GM(1,1) 模型且可以进行灰色预测；否则，对数据做适当的变换处理，如平移变换：

$$y^{(0)}(k) = x^{(0)}(k) + c, k = 1, 2, \cdots, n \qquad (3.1\text{-}39)$$

取 c 使得数据列的级比都落在可容覆盖内。

2）建立 GM(1,1) 模型

不妨设 $x^{(0)} = \left(x^0(1), x^0(2), \cdots, x^0(n) \right)$ 满足上面的要求，以它为数据列建立 GM(1,1) 模型

$$x^{(0)}(k) + az^{(1)}(k) = b \qquad (3.1\text{-}40)$$

用回归分析求得 a, b 的估计值，于是相应的白化模型为

$$\frac{\mathrm{d}x^{(1)}(t)}{\mathrm{d}t} + ax^{(1)}(t) = b \qquad (3.1\text{-}41)$$

解为

$$x^{(1)}(t) = \left(x^{(0)}(1) - \frac{b}{a} \right) e^{-a(t-1)} + \frac{b}{a} \qquad (3.1\text{-}42)$$

于是，得到预测值

$$\hat{x}^{(1)}(k+1) = \left(x^{(0)}(1) - \frac{b}{a} \right) e^{-ak} + \frac{b}{a}, k = 1, 2, \cdots, n-1 \qquad (3.1\text{-}43)$$

$$\hat{x}^{(0)}(k+1) = \hat{x}^{(1)}(k+1) - \hat{x}^{(1)}(k), k = 1, 2, \cdots, n-1 \qquad (3.1\text{-}44)$$

3）检验预测值

① 残值检验

$$\varepsilon(k) = \frac{x^{(0)}(k) - \hat{x}^{(0)}(k)}{x^{(0)}(k)}, k = 1, 2, \cdots, n \qquad （3.1\text{--}45）$$

如果对所有的 $|\varepsilon(k)| < 0.1$，则认为达到较高的要求；否则，若对所有的 $|\varepsilon(k)| < 0.2$，则认为达到一般要求。

② 级比偏差值检验

$$\rho(k) = 1 - \frac{1 - 0.5a}{1 + 0.5a}\lambda(k) \qquad （3.1\text{--}46）$$

如果对所有的 $|\rho(k)| < 0.1$，则认为达到较高的要求；否则，若对所有的 $|\rho(k)| < 0.2$，则认为达到一般要求。

运用表3.1-5数据进行灰色模型+支持向量机预测分析。

代码清单 3.1.6 灰色模型 + 支持向量机预测

```
import sys
sys.path.append('../bq')  # 设置路径
import numpy as np
import pandas as pd
from GM11 import GM11  # 引入自编的灰色预测函数
import datetime


inputfile1 = '../bq/SVR-predict-1.xlsx' # 输入的数据文件
inputfile2 = '../bq/SVR-predict.xlsx' # 输入的数据文件
new_reg_data = pd.read_excel(inputfile1) # 读取经过特征选择后的数据
data = pd.read_excel(inputfile2) # 读取总的数据
X = np.arange(0, 36)[:, np.newaxis]
```

```
# 处理时间格式
data1=data[' 日期 '].values# 成为 'numpy.ndarray'
data1=data1.tolist()#'numpy.ndarray' 转 list
data3=[]
for i in range(len(data1)):
    s=str(data1[i])# 转为字符
    dateArray = datetime.datetime.fromtimestamp(int(s[0:10]))# 取前十位，并转为
数字
    data3.append(dateArray.strftime("%Y-%m"))
data4=['2020-11','2020-12']
data5=data3+data4
new_reg_data.index = range(1, 35)
new_reg_data.loc[35] = None
new_reg_data.loc[36] = None
l = [u' 价格 1', u' 价格 2', u' 价格 3', u' 价格 4', u' 价格 5', u' 价格 6', u' 价格 7', u' 价格 8']
for i in l:
  f = GM11(new_reg_data.loc[range(1, 35),i].values)[0]#as_matrix() 改为 values
  new_reg_data.loc[35,i] = f(len(new_reg_data)-1) # 2020 年 11 月预测结果
  new_reg_data.loc[36,i] = f(len(new_reg_data)) # 2020 年 12 月预测结果
  new_reg_data[i] = new_reg_data[i].round(2) # 保留两位小数
outputfile = '../bq/SVR-predict-2.xlsx' # 灰色预测后保存的路径
y = list(data[u' 造价 '].values) # 提取造价列，合并至新数据框中
y.extend([np.nan,np.nan])
new_reg_data[u' 造价 '] = y
new_reg_data.to_excel(outputfile) # 结果输出
print(' 预测结果为：\n',new_reg_data.loc[35:36,:]) # 预测结果展示
```

```
import matplotlib.pyplot as plt
from sklearn.svm import LinearSVR


inputfile = '../bq/SVR-predict-2.xlsx' # 灰色预测后保存的路径
data = pd.read_excel(inputfile,usecols=[u'价格1', u'价格2', u'价格3', u'价格4', u'价格5', u'价格6', u'价格7', u'价格8',u'价格8',u'造价']) # 读取数据
data.index = range(1, 37)
feature = [u'价格1', u'价格2', u'价格3', u'价格4', u'价格5', u'价格6', u'价格7', u'价格8'] # 属性所在列
data_train = data.loc[range(1,35)].copy() # 取数据建模
print(data_train)
data_mean = data_train.mean()
data_std = data_train.std()
data_train = (data_train - data_mean)/data_std # 数据标准化
x_train = data_train[feature].values # 属性数据
y_train = data_train[u'造价'].values # 标签数据


linearsvr = LinearSVR()  # 调用 LinearSVR() 函数，sklearn-svm-_classes.py 中
的 LinearSVR()max_iter 改为 10000，默认为 1000，可以解决迭代次数不够的
问题
linearsvr.fit(x_train,y_train)
x = ((data[feature] - data_mean[feature])/data_std[feature]).values # 预测，并还原
结果。as_matrix() 改为 values
data[u'造价预测'] = linearsvr.predict(x) * data_std[u'造价'] + data_mean[u'造价']
outputfile = '../bq/SVR-predict-3.xlsx' # SVR 预测后保存的结果
data.to_excel(outputfile)
```

```
print(' 真实值与预测值分别为： \n',data[[u' 造价 ',u' 造价预测 ']])
# 画出走势图
plt.rcParams['font.sans-serif'] = ['SimHei']  # 用来正常显示中文标签
plt.rcParams['axes.unicode_minus'] = False  # 用来正常显示负号
#fig = data[[u' 造价 ',u' 造价预测 ']].plot(subplots = True, style=['b-o','r-*'])  # 画出
预测结果图
fig=plt.figure()
ax1=fig.add_subplot(211)
ax1.plot(X,data[' 造价 '],c='b',marker='o')
plt.xticks(range(0,len(data5)+1,2),data5[0:len(data5):2],fontsize=10,rotation=20)
ax2=fig.add_subplot(212)
ax2.plot(X,data[' 造价预测 '],c='r',marker='*')
plt.suptitle(' 造价走势预测 ')
plt.xticks(range(0,len(data5)+1,2),data5[0:len(data5):2],fontsize=10,rotation=20)
#pandas-plotting-_matplotlib 中修改以下内容
#ax.rowNum 改 为 ax.get_subplotspec().rowspan.start；ax.colNum 改 为 ax.get_
subplotspec().colspan.start
plt.xlabel(" 日期 ")
plt.ylabel(" 高层住宅每平方米造价 ")
plt.show()
```

程序运行结果见图3.1-17。

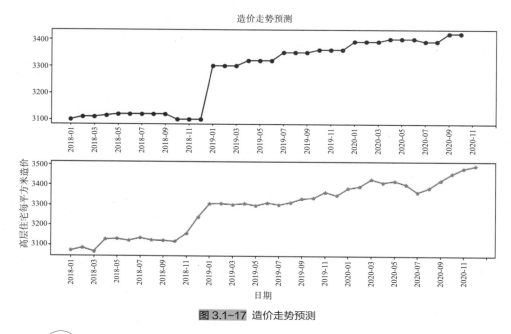

图 3.1-17 造价走势预测

3.1.7 差分整合移动平均自回归

常用按时间顺序排列的一组随机变量 $X_1, X_2, \cdots, X_t$ 来表示一个随机事件的时间序列，记为 $\{X_t\}$；用 $x_1, x_2, \cdots, x_n$ 或 $\{x_t, t = 1, 2, \cdots, n\}$ 表示该随机序列的 n 个有序观察值，称为序列长度为 n 的观察值序列。

对时间序列数据进行分析和预测比较完善和精确的算法是博克思–詹金斯（Box-Jenkins）方法，其常用模型包括：自回归模型（AR模型）、滑动平均模型（MA模型）、（自回归–滑动平均混合模型）ARMA模型、（差分整合移动平均自回归模型）ARIMA模型。前三者适合用于平稳时间序列分析，ARIMA则适合用于非平稳时间序列分析。

对于究竟使用哪种分析方法，则需要对观察值序列进行纯随机性和平稳性检验。纯随机序列又叫白噪声序列，序列的各项之间没有任何相关关系，序列进行完全无序的随机波动。白噪声序列是没有信息可提取的平稳序列。对于非平稳序列，其均值和方差不稳定，处理方法一般是将其转变为平稳序列，然后再应用平稳时间序列方法进行分析，如ARMA。如果一个时间序列经差分运算后具有平稳性，则称该序列为差分平稳序列，可以使用ARIMA模型进行分析。

　　现实生活中大多数序列都是非平稳的，正如下文中要分析的钢材价格走势。钢材价格走势从经济学角度来说，还是离不开供应和需求两方面的影响。从供应角度来说：1）国家对于钢铁产业的整合、去除落后产能，钢厂产量会随之波动；2）生产线的技术改造，短期影响供应量；3）铁矿石原材料波动或短缺，对钢材生产产生影响；4）生产成本的变化，如炼钢所用焦煤价格变化、人工成本上涨等；5）铁路、公路运能受天气或节假日影响，影响供应等原因。从需求角度来说：1）国家宏观经济的好坏，城市化发展情况；2）项目集中推出，导致短期需求急剧变化；3）部分经销商看好市场进行囤货等原因。由此可以看到，影响钢材价格波动的因素有很多，钢材价格走势随机性较强。

　　ARIMA模型（Autoregressive Integrated Moving Average model），差分整合移动平均自回归模型，又称整合移动平均自回归模型（移动也可称作滑动），是时间序列预测分析方法之一。ARIMA（p，d，q）中，AR是"自回归"，p为自回归项数；MA为"滑动平均"，q为滑动平均项数，d为使之成为平稳序列所做的差分次数（阶数）。"差分"一词虽未出现在ARIMA的英文名称中，却是关键步骤。运用表3.1-4数据进行ARIMA预测分析。

代码清单 3.1.7　ARIMA 预测价格

```
import pandas as pd
import matplotlib.pyplot as plt
from statsmodels.graphics.tsaplots import plot_acf
from statsmodels.tsa.stattools import adfuller as ADF
from statsmodels.graphics.tsaplots import plot_pacf
from statsmodels.stats.diagnostic import acorr_ljungbox
from statsmodels.tsa.arima_model import ARIMA
# 参数初始化
discfile = '../bq/steelprice.xlsx'
```

```
forecastnum = 5


# 读取数据，指定日期列为索引，pandas 自动将“日期”列识别为 Datetime 格式
data = pd.read_excel(discfile, index_col = u' 日期 ')
print(data)


# 时序图
plt.rcParams['font.sans-serif'] = ['SimHei']  # 用来正常显示中文标签
plt.rcParams['axes.unicode_minus'] = False  # 用来正常显示负号
data.plot()
plt.ylabel(" 价格 ( 元 /t)")
plt.title(' 钢材价格走势 ')


# 自相关图
plot_acf(data,title=' 自相关图 ')


# 平稳性检测
print(u' 原始序列的 ADF 检验结果为：', ADF(data[u' 价格 ']))
# 返回值依次为 adf、pvalue、usedlag、nobs、critical values、icbest、regresults、
resstore


# 差分后的结果
D_data = data.diff().dropna()
D_data.columns = [u' 价格差分 ']
print(D_data)
D_data.plot(title=' 一阶差分后价格走势 ')  # 一阶差分后价格走势
```

```
# 一阶差分后自相关图

plot_acf(D_data,title=' 一阶差分后自相关图 ')


# 一阶差分后偏自相关图

plot_pacf(D_data,title=' 一阶差分后偏自相关图 ')
# 显示所有图
plt.show()


# ADF 检验

print(u' 差分序列的 ADF 检验结果为：', ADF(D_data[u' 价格差分 '])) # 平稳性
检测


# 白噪声检验

print(u' 差分序列的白噪声检验结果为：', acorr_ljungbox(D_data, lags=1)) # 返
回统计量和 p 值


# 定阶

data[u' 价格 '] = data[u' 价格 '].astype(float)
pmax =int(len(D_data)/10) # 一般阶数不超过 3
qmax =int(len(D_data)/10) # 一般阶数不超过 3


bic_matrix = [] # BIC 矩阵
for p in range(pmax+1):
  tmp = []
  for q in range(qmax+1):
    try: # 存在部分报错，所以用 try 来跳过报错
```

```
        tmp.append(ARIMA(data, (p,1,q)).fit().bic)
    except:
        tmp.append(None)
  bic_matrix.append(tmp)


bic_matrix = pd.DataFrame(bic_matrix) # 从中可以找出最小值
print(bic_matrix.stack())
print(bic_matrix.stack().idxmin())


p,q = bic_matrix.stack().idxmin() # 先用 stack 展平，然后用 idxmin 找出最小值位置
print(u'BIC 最小的 p 值和 q 值为：%s、%s' %(p,q))
model = ARIMA(data, (p,1,q)).fit()  # 建立 ARIMA(0, 1, 1) 模型
print(' 模型报告为：\n', model.summary2())
print(' 预测未来 5 月，其预测结果、标准误差、置信区间如下：\n', model.forecast(5))
```

程序运行结果见图3.1-18～图3.1-22。

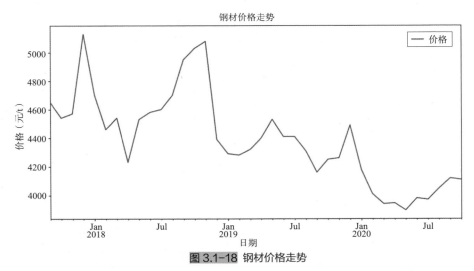

图 3.1-18 钢材价格走势

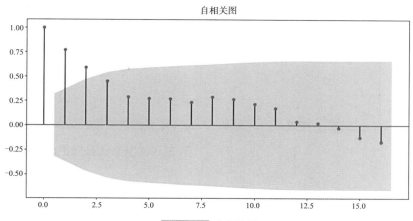

图 3.1-19　自相关图

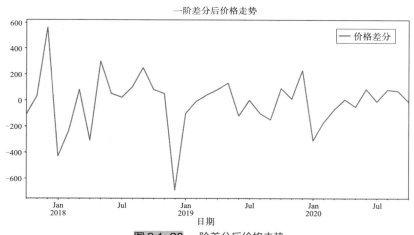

图 3.1-20　一阶差分后价格走势

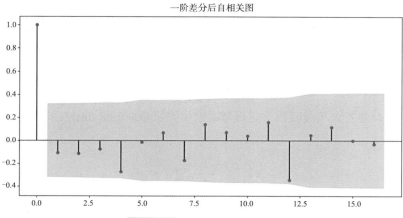

图 3.1-21　一阶差分后自相关图

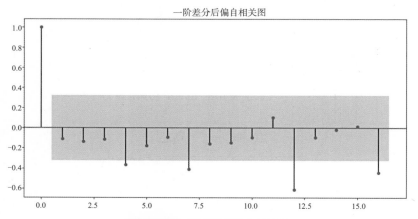

图 3.1-22　一阶差分后偏自相关图

模型报告为：

```
                          Results: ARIMA
=========================================================================
Model:                 ARIMA        BIC:                      507.3281
Dependent Variable: D.价格              Log-Likelihood:         -246.44
Date:               2021-02-07 09:13  Scale:                    1.0000
No. Observations:      37           Method:                  css-mle
Df Model:              3            Sample:                  10-01-2017
Df Residuals:          34                                    10-01-2020
Converged:             1.0000       S.D. of innovations:     182.838
No. Iterations:        35.0000      HQIC:                     503.156
AIC:                   500.8844
-------------------------------------------------------------------------
                    Coef.    Std.Err.     t      P>|t|    [0.025    0.975]
-------------------------------------------------------------------------
const              -20.3048   5.5605   -3.6516   0.0003  -31.2033  -9.4063
ar.L1.D.价格          0.5550   0.1445    3.8411   0.0001   0.2718    0.8382
ma.L1.D.价格         -0.9999   0.0756  -13.2272   0.0000  -1.1481   -0.8517
-------------------------------------------------------------------------
                    Real        Imaginary       Modulus       Frequency
-------------------------------------------------------------------------
AR.1               1.8018        0.0000          1.8018         0.0000
MA.1               1.0001        0.0000          1.0001         0.0000
=========================================================================
```

预测未来5月，其预测结果、标准误差、置信区间如下：
(array([4047.55358296, 4003.85959957, 3970.57347833, 3943.06386568,
    3918.76029584]), array([182.83781794, 209.11891686, 216.57730676, 218.82595253,
219.51529726]), array([[3689.19804479, 4405.90912113],
    [3593.99405404, 4413.7251451],
    [3546.08975721, 4395.05719944],
    [3514.17287984, 4371.95485152],
    [3488.51821915, 4349.00237252]]))

图 3.1-23　运行报告

3.1.8　K 最近邻分类回归

K最近邻（K-Nearest Neighbor，KNN）分类算法，是一个理论上比较成熟的方法，也是最简单的机器学习算法之一。该方法的思路是：在特征空间中，如果一个样本附近的K个最近（即特征空间中最邻近）样本的大多数属于某一个类别，则该样本也属于这个类别。

有两类不同的样本数据，分别用蓝色的小正方形和红色的小三角形表示，而图正中间的那个绿色的圆所标示的数据则是待分类的数据。也就是说，现在，我们不知道中间那个绿色的数据是从属于哪一类（蓝色小正方形或红色小三角形），下面，我们就要解决这个问题，给这个绿色的圆分类。

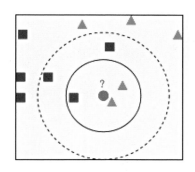

图 3.1-24　待分析数据集

分析图3.1-24：

1）如果K=3，绿色圆点的最近的3个邻居是2个红色小三角形和1个蓝色小正方形，少数从属于多数，基于统计的方法，判定绿色的这个待分类点属于红色的三角形一类。

2）如果K=5，绿色圆点的最近的5个邻居是2个红色三角形和3个蓝色的正方形，还是少数从属于多数，基于统计的方法，判定绿色的这个待分类点属于蓝色的正方形一类。

"近朱者赤，近墨者黑"可以说是KNN的工作原理。整个计算过程分为三步：

1）计算待分类物体与其他物体之间的距离；

2）统计距离最近的K个邻居；

3）对于K个最近的邻居，它们属于哪个分类最多，待分类物体就属于哪一类。

K近邻算法使用的模型实际上对应于对特征空间的划分。K值的选择，距离度量和分类决策规则是该算法的三个基本要素：

1）K值的选择会对算法的结果产生重大影响。K值较小意味着只有与输入实例较近的训练实例才会对预测结果起作用，但容易发生过拟合；如果K值较大，优点是可以减少学习的估计误差，但缺点是学习的近似误差增大，这时与输入实例较远的训练实例也会对预测起作用，使预测发生错误。在实际应用中，K值一般选择一个较小的数值，通常采用交叉验证的方法来选择最优的K值。随着训练实例数目趋向于无穷和$K=1$时，误差率不会超过贝叶斯误差率的2倍，如果K也趋向于无穷，则误差率趋向于贝叶斯误差率。

2）该算法中的分类决策规则往往是多数表决，即由输入实例的K个最临近的训练实例中的多数类决定输入实例的类别。

3）距离度量一般采用L_p距离，当$p=2$时，即为欧氏距离，在度量之前，应该将每个属性的值规范化，这样有助于防止具有较大初始值域的属性比具有较小初始值域的属性的权重过大。

设特征空间X是n维实数向量空间R^n，$x_i, x_j \in X$，$x_i = \left(x_i^{(1)}, x_i^{(2)}, \cdots, x_i^{(n)} \right)^T$，$x_j = \left(x_j^{(1)}, x_j^{(2)}, \cdots, x_j^{(n)} \right)^T$。

（1）闵可夫斯基距离（Minkowski distance，L_p距离）

x_i，x_j的L_p距离定义为：

$$L_p \left(x_i, x_j \right) = \left(\sum_{l=1}^{n} \left| x_i^{(l)} - x_j^{(l)} \right|^p \right)^{\frac{1}{p}} \tag{3.1-47}$$

其中，$p \geq 1$。

（2）曼哈顿距离（Manhattan distance）

当$p=1$时，L_p距离就变成了曼哈顿距离：

$$L_1 \left(x_i, x_j \right) = \sum_{l=1}^{n} \left| x_i^{(l)} - x_j^{(l)} \right| \tag{3.1-48}$$

（3）欧氏距离（Euclidean distance）

当 $p=2$ 时，L_p 距离就变成了欧几里得距离：

$$L_2\left(x_i,x_j\right)=\left(\sum_{l=1}^{n}\left|x_i^{(l)}-x_j^{(l)}\right|^2\right)^{\frac{1}{2}} \tag{3.1-49}$$

（4）切比雪夫距离（Chebyshev distance）

当 $p=\infty$ 时，L_p 距离就变成了切比雪夫距离，它是各个坐标距离的最大值：

$$L_\infty\left(x_i,x_j\right)=\max_{l}\left|x_i^{(l)}-x_j^{(l)}\right| \tag{3.1-50}$$

运用表3.1-7数据进行K最近邻分类分析如下。

预拌混凝土（泵送型）价格区间　　　　　表 3.1-7

序号	编号	名称	单位	单价下限（元）	单价上限（元）	型号
1	80210401	预拌混凝土（泵送型）	m³	605.42	660.63	1
2	80210401	预拌混凝土（泵送型）	m³	603.64	659.36	0
3	80210401	预拌混凝土（泵送型）	m³	605.17	659.38	0
4	80210401	预拌混凝土（泵送型）	m³	604.65	661.35	1
5	80210401	预拌混凝土（泵送型）	m³	604.28	660.48	1
6	80210401	预拌混凝土（泵送型）	m³	603.71	659.67	0
7	80210401	预拌混凝土（泵送型）	m³	604.45	659.92	0
8	80210401	预拌混凝土（泵送型）	m³	605.64	660.22	0
9	80210401	预拌混凝土（泵送型）	m³	604.64	659.26	0
10	80210401	预拌混凝土（泵送型）	m³	606.37	660.27	0
……						

代码清单 3.1.8-1　K 最近邻分类

```
import pandas as pd

import matplotlib.pyplot as plt
```

```
import numpy as np


datafile = '../bq/k 最近邻分类 .xlsx'
data = pd.read_excel(datafile,dtype={' 编号 ':str})  # 这个地方的 data 的类型是
DataFrame
data=data.loc[:,[' 编号 ',' 单价下限 ',' 单价上限 ',' 型号 ']]# 选取编号和价格两个字段
#print(data)
data[' 编号 ']=data[' 编号 '].map(lambda x: x[:9])# 编号取前 9 位
#print(data[' 编号 '])
list1=data[' 编号 ']
list1=list(set(list1))
#print(list1)
y=data[' 型号 ']
y=y.values
data = data.loc[:,[' 单价下限 ',' 单价上限 ']]
data=data.values
print(data)
print(y)
# 绘图


from sklearn.metrics import euclidean_distances
from sklearn.neighbors import KNeighborsClassifier
# 选取测试点
X_test = np.array([[605.5, 659], [605, 660],[605.2, 660.5], [604, 660]])
def plot_knn_classification(data,y,X_test, n_neighbors):
```

```
plt.figure()

dist = euclidean_distances(data, X_test) # 计算训练数据与测试数据之间的距离

print(dist)

 closest = np.argsort(dist, axis=0)  # 从 dist 计算结果根据值的进行小到大的
排序，并返回索引

print(closest)

# 绘制箭头

for x, neighbors in zip(X_test, closest.T):

    for neighbor in neighbors[:n_neighbors]:# 取相邻点的数量

      plt.arrow(x[0], x[1], data[neighbor, 0] - x[0],
data[neighbor, 1] - x[1], head_width=0.04,length_includes_head=True,
fc='brown', ec='brown')



# 原始数据图形

plt.scatter(data[y==0][:,0], data[y==0][:,1], marker='o', s=50, label=" 型号 1")

##   for xy in zip(data[y==0][:,0], data[y==0][:,1]):

##      plt.annotate("(%0.2f,%0.2f)" % xy, xy=xy, xytext=(-20, 10), textcoords='offset
points')

##   for xy in zip(data[y==1][:,0], data[y==1][:,1]):

##      plt.annotate("(%0.2f,%0.2f)" % xy, xy=xy, xytext=(-20, 10), textcoords='offset
points')

plt.scatter(data[y==1][:,0], data[y==1][:,1], marker='^', s=50, label=" 型号 2")

plt.xlabel(" 价格下限 ( 元 /m$\mathregular{^3}$)")

plt.ylabel(" 价格上限 ( 元 /m$\mathregular{^3}$)")

# 预测值

clf = KNeighborsClassifier(n_neighbors=n_neighbors).fit(data,y) # 训练得到模型
```

```
    y_pre = clf.predict(X_test)

    plt.scatter(X_test[y_pre==0][:, 0], X_test[y_pre==0][:, 1], marker='*', s=60,
c='red', label=" 预测型号 1")

    plt.scatter(X_test[y_pre==1][:, 0], X_test[y_pre==1][:, 1], marker='*', s=60,
c='g', label=" 预测型号 2")

    plt.title('K 最近邻分类 %s'%list1)

    plt.rcParams['font.sans-serif']=['SimHei'] # 正常显示中文标签

    plt.rcParams['axes.unicode_minus'] = False # 正常显示负号

    plt.legend()# 图例

    plt.show()

# 绘制相邻 1 个点的情况

#plot_knn_classification(data,y, X_test, 1)

# 绘制相邻 3 个点的情况

plot_knn_classification(data,y, X_test, 3)
```

程序运行结果见图3.1-25。

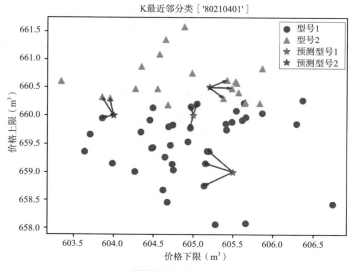

图 3.1-25 K 最近邻分类

此外，K最近邻也可用于回归，分析表3.1-5数据，可以得到以下结果。

代码清单 3.1.8-2　K 最近邻回归

```
import pandas as pd

import numpy as np

import matplotlib.pyplot as plt

from sklearn import neighbors
# 生成数据
path='../bq/k 最近邻回归 .xlsx'

X=pd.read_excel(path,usecols=[' 综合单价下限 '])

y=pd.read_excel(path,usecols=[' 综合单价上限 '])

print(y)

T = np.linspace(3, 7, 100)[:, np.newaxis]#3,7 之间的 100 个样本，[:, np.newaxis]
可以将列表 [1 2 3 4 5] 转为

print(np.linspace(3, 7, 100))

'''[[1]

 [2]

 [3]

 [4]

 [5]]'''
# 训练回归模型

n_neighbors = 3

'''

'uniform':uniform weights. All points in each neighborhood are weighted equally

'distance':weight points by the inverse of their distance. in this case,closer neighbors
```

of a query point will have a greater influence than neighbors

which are further away.

'''

```
for i, weights in enumerate(['uniform', 'distance']):#enumerate 就是枚举的意思
    knn = neighbors.KNeighborsRegressor(n_neighbors, weights=weights)
    y_ = knn.fit(X, y.values.ravel()).predict(T)
    print(y_)
    plt.subplot(2, 1, i + 1)#2 行，1 列，第 i + 1 图
    plt.scatter(X, y, color='darkorange', label=' 实际价格 ')#X,y 分别为 X,Y 轴数据
    plt.plot(T, y_, color='navy', label=' 预测价格 ')#X,y_ 分别为 X,Y 轴数据
    plt.axis('tight')#tight：坐标轴数据显示更明细
    plt.legend()# 显示图像图例，即 data 和 prediction
    plt.title("K 最近邻回归 (K = %i, 权重 = '%s')" % (n_neighbors,weights))
    plt.xlabel(" 价格下限 (m$\mathregular{^3}$)")
    plt.ylabel(" 价格上限 (m$\mathregular{^3}$)")

    plt.rcParams['font.sans-serif'] = ['SimHei']  # 用来正常显示中文标签
    plt.rcParams['axes.unicode_minus'] = False  # 用来正常显示负号
plt.tight_layout()
plt.show()
```

程序运行结果见图3.1–26。

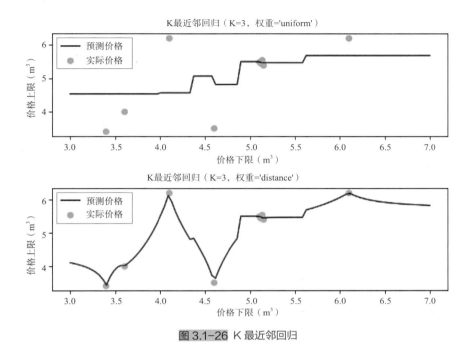

图 3.1-26 K 最近邻回归

关于权重，程序选择默认的"uniform"，意味着所有最近邻样本权重都一样，在做预测时一视同仁；如果是"distance"，则权重和距离成反比例，即距离预测目标更近的近邻具有更高的权重，这样在预测类别或者做回归时，更近的近邻所占的影响因子会更加大。

3.2　聚类分析

聚类分析是无监督学习的一种。所谓无监督学习，是指利用一组未知类别或者数值的样本调整模型的参数，使其达到所要求性能的过程，也称为无监督训练。

聚类（clustering）是将相似的对象通过静态分类的方法分成不同的组别或者子集，并使其在同一组别或者子集中的对象相对于其他组别或者子集的对象拥有更多的相似性。

3.2.1 K-means 聚类

K均值聚类算法（K-means clustering algorithm）是一种迭代求解的聚类分析算法，其步骤是，预将数据分为k组，则随机选取k个对象作为初始的聚类中心，然后计算每个对象与各个种子聚类中心之间的距离，把每个对象分配给距离它最近的聚类中心。聚类中心以及分配给它们的对象就代表一个聚类。每分配一个样本，聚类的聚类中心会根据聚类中现有的对象被重新计算。这个过程将不断重复直到满足某个终止条件。终止条件可以是没有（或最小数目）对象被重新分配给不同的聚类，没有（或最小数目）聚类中心再发生变化，误差平方和局部最小。

存在样本集 $X\{x_1,x_2,\cdots,x_n\}$，被划分为k个类，且 $1<k\leqslant n$，于是存在聚类族 $(C_1,C_2,\cdots,C_k)$。让簇内的点尽量紧密地连在一起，而让簇间的距离尽量地大。最小化误差平方和E为：

$$E = \sum_{i=1}^{k} \sum_{x \in C_i} \|x - u_i\|^2 \tag{3.2-1}$$

式中，u_i为聚类族C_i的中心点，即聚类族C_i中所有点的均值点，$|C_i|$为聚类族中的样本数。

$$u_i = \frac{1}{|C_i|} \sum_{x \in C_i} x \tag{3.2-2}$$

具体迭代步骤如下，具体表现如图3.2-1所示：

（1）在样本集 $X\{x_1,x_2,\cdots,x_n\}$ 中随机取k个初始中心点。

（2）对于每个样本点计算到这k个中心点的距离，将样本点归到与之距离最小的那个中心点的簇。这样每个样本都有自己的簇。

（3）对于每个簇C_i，根据里面的所有样本点重新计算得到一个新的中心点u_i。

（4）如果中心点发生变化回到步骤2和步骤3，未发生变化转到步骤4步骤，得出结果。

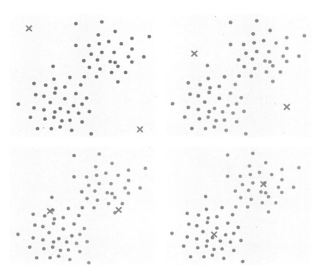

图 3.2-1 K-means 聚类过程

运用表3.2-1数据进行K-means聚类分析如下。

需分析清单价格　　　　　　　　　　表 3.2-1

序号	编号	名称	单位	综合单价1（元）	综合单价2（元）
1	030408001252	电力电缆	m	20.67	24.89
2	030408001205	电力电缆	m	26.37	30.27
3	030408001270	电力电缆	m	24.75	28.87
4	030408001221	电力电缆	m	19.68	25.01
5	030408001207	电力电缆	m	20.33	23.92
6	030408001256	电力电缆	m	25.11	30.16
7	030408001202	电力电缆	m	30.92	34.38
8	030408001271	电力电缆	m	29.07	33.62
9	030408001258	电力电缆	m	24.62	30.29
......					

代码清单 3.2.1   K-means 聚类

```
import numpy as np

import pandas as pd

import matplotlib.pyplot as plt

import matplotlib.colors

from sklearn.cluster import KMeans


datafile = '../bq/k-means.xlsx'

data = pd.read_excel(datafile,dtype={' 编号 ':str})  # 这个地方的 data 的类型是
DataFrame

data=data.loc[:,[' 编号 ',' 综合单价 1',' 综合单价 2']]# 选取编号和价格两个字段

#print(data)

data[' 编号 ']=data[' 编号 '].map(lambda x: x[:9])# 编号取前 9 位

#print(data[' 编号 '])

list1=data[' 编号 ']

list1=list(set(list1))

print(list1)

data = data.loc[:,[' 综合单价 1',' 综合单价 2']]

data=data.values

print(data)


# Compute clustering with Means

n_clusters=3

k_means = KMeans(init='k-means++', n_clusters=3, n_init=10)

k_means.fit(data)

y_pre=k_means.fit_predict(data)
```

```
# Plot result

cm = matplotlib.colors.ListedColormap(list('rgbm'))

plt.scatter(data[:,0],data[:,1],c=y_pre,cmap=cm)

plt.title('K-means%s'%list1)

plt.rcParams['font.sans-serif']=['SimHei'] # 正常显示中文标签

plt.rcParams['axes.unicode_minus'] = False # 正常显示负号

plt.xlabel(" 价格下限 ( 元 /m)")

plt.ylabel(" 价格上限 ( 元 /m)")


plt.show()
```

程序运行结果见图3.2-2。

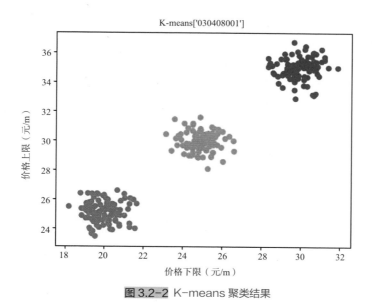

图 3.2-2 K-means 聚类结果

● 3.2.2 均值漂移聚类

均值漂移聚类（Mean Shift Clustering）是一个非参数特征空间分析技术，用来寻找密度函数的最大值点。它的应用领域包括聚类分析和图像处理等。

X表示给定的D维空间，存在n个样本点$x_i, i = 1, 2, \cdots, n$，则对于x点，其Mean Shift向量的基本形式见图3.2-3：

$$M_h(x) = \frac{1}{k} \sum_{x_i \in S_h} (x_i - x) \tag{3.2-3}$$

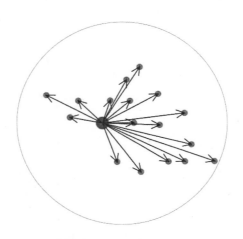

图 3.2-3 空间中点的向量关系

这个向量就是漂移向量，其中S_h表示的是数据集的点到x的距离小于球半径h的数据点。

$$S_h(x) = \left\{ x_i : (x_i - x)^T (x_i - x) < h^2 \right\} \tag{3.2-4}$$

通过计算得漂移向量，更新球圆心x的位置为x'，公式为：

$$x' = x + M_h(x)$$

具体过程见图3.2-4。

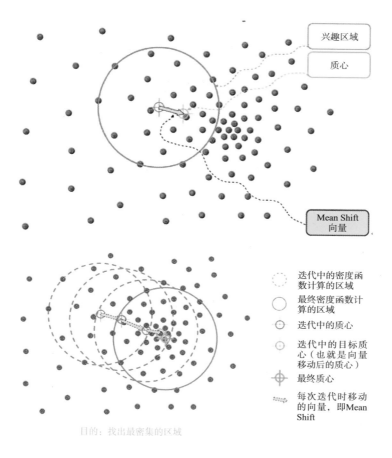

兴趣区域

质心

Mean Shift
向量

迭代中的密度函
数计算的区域

最终密度函数计
算的区域

迭代中的质心

迭代中的目标质
心（也就是向量
移动后的质心）

最终质心

每次迭代时移动
的向量，即Mean
Shift

目的：找出最密集的区域

图 3.2-4 均值漂移过程

如上的均值漂移向量的求解方法存在一个问题，即在S_h的区域内，每一个样本点x对样本X的贡献是一样的。而实际中，每一个样本点x对样本X的贡献是不一样的，这样的贡献可以通过核函数度量。

假设在半径为h的范围S_h范围内，为了使得每一个样本点x对于样本X的贡献不一样，在基本的Mean Shift向量形式中增加核函数，得到如下改进的Mean Shift向量形式：

$$M_h(x) = \frac{\sum_{i=1}^{n} G\left(\dfrac{x_i - x}{h_i}\right)(x_i - x)}{\sum_{i=1}^{n} G\left(\dfrac{x_i - x}{h_i}\right)} \qquad （3.2-5）$$

其中，$G\left(\dfrac{x_i-x}{h_i}\right)$ 为核函数。通常，可以取 S_h 为整个数据集范围。

计算 $M_h(x)$ 时除了考虑距离的影响，同时也可以考虑样本点 x 不同的重要性，可以为样本点引入一个权重系数。Mean Shift变化为：

$$M_h(x)=\frac{\sum_{i=1}^{n}G\left(\dfrac{x_i-x}{h_i}\right)\omega(x_i)(x_i-x)}{\sum_{i=1}^{n}G\left(\dfrac{x_i-x}{h_i}\right)\omega(x_i)} \qquad (3.2-6)$$

其中，$\omega(x_i)$ 是样本点的权重。

运用表3.2-2数据进行均值漂移聚类分析如下。

需分析清单价格（元／个） 表 3.2-2

序号	编号	名称	单位	综合单价1（元）	综合单价2（元）
1	030404034040	照明开关	个	21.42	22.63
2	030404034048	照明开关	个	19.64	21.36
3	030404034042	照明开关	个	19.17	20.38
4	030404034054	照明开关	个	19.65	26.35
5	030404034043	照明开关	个	19.28	25.48
6	030404034047	照明开关	个	20.71	27.67
7	030404034055	照明开关	个	18.45	20.92
8	030404034049	照明开关	个	22.64	28.22
9	030404034051	照明开关	个	20.64	21.26
10	030404034056	照明开关	个	23.37	28.27
……	……	……	……	……	……

代码清单 3.2.2 均值漂移聚类

```
import numpy as np

import pandas as pd
```

```
from sklearn.cluster import MeanShift, estimate_bandwidth

import matplotlib.pyplot as plt

from itertools import cycle

datafile = '../bq/ 均值漂移 .xlsx'

data = pd.read_excel(datafile,dtype={' 编号 ':str})  # 这个地方的 data 的类型是
DataFrame

data=data.loc[:,[' 编号 ']]# 选取编号和价格两个字段

print(data)

data[' 编号 ']=data[' 编号 '].map(lambda x: x[:9])# 编号取前 9 位

#print(data[' 编号 '])


list1=data[' 编号 ']

list1=list(set(list1))

print(list1)



for i in range(len(list1)):

    # 此处重新打开文件的目的是，需要从最初库中找出符合条件的子目

    datafile = '../bq/ 均值漂移 .xlsx'

    data = pd.read_excel(datafile,dtype={' 编号 ':str})  # 这个地方的 data 的类型是
DataFrame

     data=data.loc[:,[' 编号 ',' 综合单价 1',' 综合单价 2']]# 选取编号和价格两个
字段

    data[' 编号 ']=data[' 编号 '].map(lambda x: x[:9])# 编号取前 9 位

    data=data[data[' 编号 '].apply(lambda x: x in list1[i])]# 取出与列表中编号一致
的子目
```

```python
data=data.loc[:,[' 综合单价 1',' 综合单价 2']]

#print(data)

X = np.array(data)

#X=data_array.tolist()

print(X)


bandwidth = estimate_bandwidth(X,quantile=0.2, n_samples=20)

#print(bandwidth)

ms = MeanShift(bandwidth=bandwidth, bin_seeding=True)

ms.fit(X)

#print(ms)

labels = ms.labels_

print(labels)

cluster_centers = ms.cluster_centers_

print(cluster_centers)

labels_unique = np.unique(labels)

print(labels_unique)

n_clusters_ = len(labels_unique)

print(" 聚合数量 : %d" % n_clusters_)


plt.figure(1)

plt.clf()

plt.rcParams['font.sans-serif']=['SimHei'] # 正常显示中文标签

plt.rcParams['axes.unicode_minus'] = False # 正常显示负号

colors = cycle('bgrcmykbgrcmykbgrcmykbgrcmyk')

for k, col in zip(range(n_clusters_), colors):
```

```
        my_members = labels == k

        print(my_members)

        cluster_center = cluster_centers[k]

        print(cluster_center)

        plt.plot(X[my_members,0],X[my_members,1], col + '.')

        plt.plot(cluster_center[0],cluster_center[1],

        'o', markerfacecolor=col,

            markeredgecolor='k', markersize=14)

plt.title(' 同一清单聚合情况及聚合数 : %d,%s' % (n_clusters_,list1))

plt.xlabel(" 价格下限 ( 元 / 个 )")

plt.ylabel(" 价格上限 ( 元 / 个 )")

plt.show()
```

程序运行结果见图3.2-5。

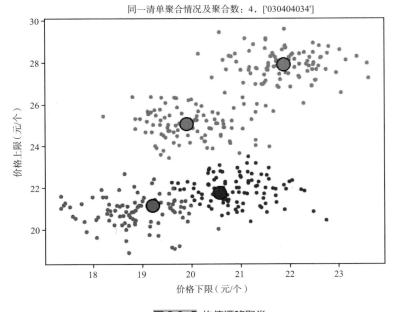

图 3.2-5 均值漂移聚类

3.2.3 DBSCAN 聚类

DBSCAN（Density-Based Spatial Clustering of Applications with Noise）是一个比较有代表性的基于密度的聚类算法，类似于均值漂移聚类算法，但它有几个显著的优点。首先，它不需要一个预设定的聚类数量。它还将异常值识别为噪声，而不像均值漂移聚类算法，即使数据点非常不同，它也会将它们放入一个聚类中。此外，它还能很好地找到任意大小和任意形状的聚类。

有数据集 $D = \{x_1, x_2, \cdots, x_m\}$，参数 $param = \{\varepsilon, MinPts\}$，则有

ε-邻域：数据集 D 中除 x_i 外的其他样本与 x_i 距离小于 ε 的样本集合，记作

$$N_\varepsilon(x_j) = \left\{ x_j \in D \mid dist(x_i, x_j) \leqslant \varepsilon \right\} \tag{3.2-7}$$

1）核心对象（core object）：若 x_j 的 ε-邻域中样本数量大于 $MinPts$，则样本 x_j 为核心对象，记作 $\left| N_\varepsilon(x_j) \right| \geqslant MinPts$。

2）边界点（Border point）：若样本 x_j 的 ε-邻域内包含的样本数目小于 $MinPts$，但是它在其他核心点的邻域内，则称样本点 x_j 为边界点。

3）噪声点（Noise）：既不是核心点也不是边界点的点。

4）密度直达（Directly Density Reachable）：若样本 x_i 是 x_j 的 ε-邻域中的样本 $x_i \in N_\varepsilon(x_j)$，则 x_i 由 x_j 密度直达。

5）密度可达（Density-Reachable）：存在样本序列 $P_1, P_2, \cdots, P_n$，其中 P_1 的核心对象为 x_i，P_n 的核心对象为 x_j，且 P_{i+1} 由 P_i 密度直达，则 x_i 由 x_j 密度直达。

6）密度相连（Density-Connected）：$\exists x_k \in D$，使 x_i 和 x_j 均由 x_k 密度可达，则 x_i 和 x_j 密度直达。

具体见图3.2–6。

DBSCAN的具体聚类步骤如下：

（1）DBSCAN以一个从未访问过的任意起始数据点开始。这个点的邻域是用距离 ε（所有在 ε 距离的点都是邻点）来提取的。

（2）如果在这个邻域中有足够数量的点（根据 $MinPts$），那么聚类过程就开始了，并且当前的数据点成为新聚类中的第一个点；否则，该点将被标记为噪声

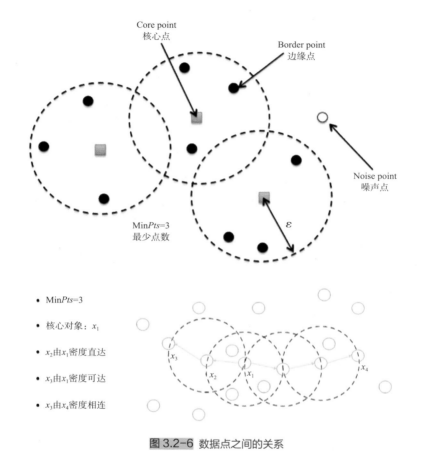

图 3.2-6 数据点之间的关系

（稍后这个噪声点可能会成为聚类的一部分）。在这两种情况下，这一点都被标记为"访问（visited）"。

（3）对于新聚类中的第一个点，其ε距离附近的点也会成为同一聚类的一部分。这一过程使在ε邻近的所有点都属于同一个聚类，然后重复所有刚刚添加到聚类组的新点。

（4）步骤2和步骤3的过程将重复，直到聚类中的所有点都被确定，就是说在聚类附近的所有点都已被访问和标记。

（5）一旦我们完成了当前的聚类，就会检索并处理一个新的未访问点，这将导致进一步的聚类或噪声的发现。这个过程不断地重复，直到所有的点被标记为访问。因为在所有的点都被访问过之后，每一个点都被标记为属于一个聚类或者是噪声。详见图3.2-7。

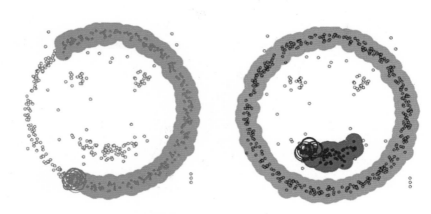

图 3.2-7 DBSCAN 迭代过程

DBSCAN的主要缺点是，当聚类具有不同的密度时，它的性能不像其他聚类算法那样好。这是因为当密度变化时，距离阈值ε和识别邻近点的$MinPts$的设置会随着聚类的不同而变化。这种缺点也会出现在非常高维的数据中，因为距离阈值ε变得难以估计。

运用表3.2-3数据进行DBSCAN聚类分析如下。

需分析清单价格

表 3.2-3

序号	编号	名称	单位	综合单价1（元）	综合单价2（元）	挖土深度
1	010101002001	挖一般土方	m³	5.2	6.8	1
2	010101002002	挖一般土方	m³	5.6	6.7	1
3	010101002001	挖一般土方	m³	5.34	5.6	1
4	010101002003	挖一般土方	m³	5.2	5.89	1
5	010101002004	挖一般土方	m³	5.6	6.2	1
6	010101002002	挖一般土方	m³	11.4	12	2
……	……	……	……	……	……	……

代码清单 3.2.3　DBSCAN 聚类

```
import numpy as np

import pandas as pd

from sklearn.cluster import DBSCAN

from sklearn import metrics

from sklearn.datasets import make_blobs

from sklearn.preprocessing import StandardScaler



# 生成数据

path='../bq/DBSCAN 聚类 .xlsx'

X_df=pd.read_excel(path,usecols=[' 综合单价 1',' 综合单价 2'])

y_df=pd.read_excel(path)

y_df=y_df[' 挖土深度 '].values

y_df =y_df.tolist()

X_df=X_df.values

print(X_df)

X = StandardScaler().fit_transform(X_df)# StandardScaler 作用：去均值和方差
归一化。且是针对每一个特征维度来做的，而不是针对样本

print(X)



# 计算 DBSCAN

eps=0.3

db = DBSCAN(eps=0.3, min_samples=10).fit(X)#eps 是点间的距离，如果数据
规范化之后可以取的小一点

core_samples_mask = np.zeros_like(db.labels_, dtype=bool)# 判断类别是不是 0
```

```
core_samples_mask[db.core_sample_indices_] = True# 取类别是 True 的样本
print(core_samples_mask)
labels = db.labels_
```

聚类数量，忽略噪声点

```
n_clusters_ = len(set(labels)) - (1 if -1 in labels else 0)#set() 函数创建一个无序不
```
重复元素集，如果 labels 中有负 1，则取 1
```
n_noise_ = list(labels).count(-1)# 对 labels 中是负 1 的项进行计数
```

```
print(' 聚类数量 : %d' % n_clusters_)
print(' 噪声点 : %d' % n_noise_)
print(" 均衡性 : %0.3f" % metrics.homogeneity_score(y_df, labels))# 每一个聚出
```
的类仅包含一个类别的程度度量（Homogeneity）
```
print(" 完整性 : %0.3f" % metrics.completeness_score(y_df, labels))# 每一个类别
```
被指向相同聚出的类的程度度量（Completeness）
```
print("V-measure: %0.3f" % metrics.v_measure_score(y_df, labels))# 上面两者的
```
一种折衷：v = 2 * (homogeneity * completeness) / (homogeneity + completeness)
可以作为聚类结果的一种度量
```
print(" 调整的兰德系数 : %0.3f"% metrics.adjusted_rand_score(y_df, labels))# 调
```
整的兰德系数（Adjusted Rand Index），ARI 取值范围为 [-1,1], 从广义的角度来
讲，ARI 衡量的是两个数据分布的吻合程度
```
print(" 调整的互信息 : %0.3f"% metrics.adjusted_mutual_info_score(y_df, labels))#
```
调整的互信息（Adjusted Mutual Information）。利用基于互信息的方法来衡
量聚类效果需要实际类别信息，MI 与 NMI 取值范围为 [0,1],AMI 取值范围为
[-1,1]
```
print(" 轮廓系数 : %0.3f"% metrics.silhouette_score(X, labels))# 轮廓系数（Silhouette
```

Coefficient）

'''

silhouette_sample

对于一个样本点 (b - a)/max(a, b)

a 平均类内距离，b 样本点到与其最近的非此类的距离。

silihouette_score 返回的是所有样本的该值 , 取值范围为 [-1,1]。

各种度量都是越大越好

'''


```python
# 画图
import matplotlib.pyplot as plt


# 黑色作为噪声点使用
unique_labels = set(labels)
colors = [plt.cm.Spectral(each)
        for each in np.linspace(0, 1, len(unique_labels))]#plt.cm.Spectral() 通过四
个数字，确定颜色。[0, 0, 0, 1] 为黑色
for k, col in zip(unique_labels, colors):
    if k == -1:
        # 黑色噪声点
        col = [0, 0, 0, 1]

    class_member_mask = (labels == k)# 将所有属于该聚类的样本位置置为 true
    xy = X[class_member_mask & core_samples_mask] # 将所有属于该类的核心
样本取出，使用大图标绘制，& : 按位与操作，只有 1&1 为 1, 其它情况为 0
    print(xy)
```

```
plt.plot(xy[:, 0], xy[:, 1], 'o', markerfacecolor=tuple(col),
        markeredgecolor='k', markersize=14)


xy = X[class_member_mask & ~core_samples_mask]# 将所有属于该类的非
核心样本取出，使用小图标绘制，& ~ 是 & 的反向操作
print(xy)
plt.plot(xy[:, 0], xy[:, 1], 'o', markerfacecolor=tuple(col),
        markeredgecolor='k', markersize=6)


plt.title(' 聚类数量（标准化数据）: %d,   ε =%0.1f' % (n_clusters_,eps))
plt.rcParams['font.sans-serif']=['SimHei'] # 正常显示中文标签
plt.rcParams['axes.unicode_minus'] = False # 正常显示负号
#plt.xlabel(" 价格下限 "(m$\mathregular{^3}$)"))
#plt.ylabel(" 价格上限 "(m$\mathregular{^3}$)"))


plt.show()
```

程序运行结果见图3.2-8。

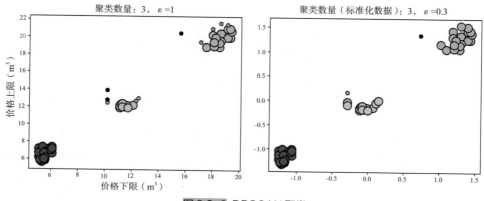

图 3.2-8 DBSCAN 聚类

3.3 主成因分析 PCA

降维也是无监督学习的一种。降维可以通过获取一组主要变量，以减少随机变量的数目。在3.1.2中我们分析影响安全文明措施费的8种因素，然后判断其费率的高低，在本节的例子中，为了分析的准确，采集的数据较多，8种因素就是8个维度，维度多带来的直接影响就是分析难度加大，一方面是有些维度对结果的影响不大，另一方面不重要的维度对模型也会产生扰动。此外，一个样本特征非常多，而样例又不多，这样用回归去直接拟合难度很大，容易导致过度拟合。这种情况下，降维势在必行。

降维的方法有不少，本书主要介绍线性的降维方法主成因分析（Principal Component Analysis，PCA）。PCA是一种统计过程，利用正交变换将一组可能相关的变量转化为一组主成分的线性不相关变量。通过线型变换将原数据映射到新的坐标系统中，使得映射后的第一个坐标上的方差最大（即第一主成分），第二个坐标上的方差第二大（第二主成分），以此类推。

PCA的具体步骤如下：

（1）去中心化

数据集 $X \in R^{m \times n}$，其中每个样本 $x^{(i)} = \left[x_1^{(i)}, x_2^{(i)}, \cdots, x_n^{(i)} \right]$，计算每个维度的均值：

$$\bar{x} = \frac{1}{m} \sum_{i=1}^{m} \left[x_1^{(i)}, x_2^{(i)}, \cdots, x_n^{(i)} \right] \in R^n \qquad (3.3-1)$$

每个维度减去这个均值，得到一个矩阵，相当于将坐标系进行了平移。

$$Y = \begin{bmatrix} x^{(1)} - \bar{x} \\ x^{(2)} - \bar{x} \\ \cdots \\ x^{(m)} - \bar{x} \end{bmatrix} \qquad (3.3-2)$$

（2）构建协方差矩阵

$$Q = Y^T Y = \begin{bmatrix} x^{(1)} - \overline{x} & x^{(2)} - \overline{x} & \cdots & x^{(m)} - \overline{x} \end{bmatrix} \begin{bmatrix} x^{(1)} - \overline{x} \\ x^{(2)} - \overline{x} \\ \cdots \\ x^{(m)} - \overline{x} \end{bmatrix} \qquad （3.3-3）$$

（3）矩阵分解

计算得到特征值和特征向量。

（4）计算结果

将特征值从小到大排列，对应的特征向量就是第一主成分、第二主成分，依次类推。

具体见图3.3-1。

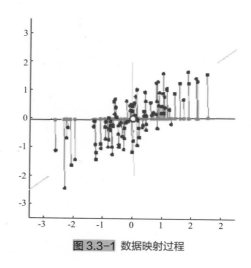

图 3.3-1 数据映射过程

延续3.1.2中的安全文明措施费的例子（表3.3-1）。

为便于写程序，将参与分析的字段用字母符号代替'S1','S2','S1/S2','LU','LD','Unit-Price','T','fee','SC-fee','class'，可以看到参与分析的影响安全文明措施费的维度变为9个，即'S1','S2','S1/S2','LU','LD','Unit-Price','T','fee','SC-fee'。

任意选取两个项目作为测算项目（表3.3-2）。

安全文明措施费情况

表 3.3-1

序号	项目性质	重点区域/一般区域	用地面积（m²）	总建筑面积（m²）	总建筑面积与用地面积之比	地上层数（层）	地下层数（层）	单价（元/m²）	项目工期（月）	分部分项费用（元）	安全文明措施费（元）	类别
1	住宅	重点区域	30578.8	119447	3.91	25	2	2941.05	30	351299773.74	11370657.39	1
2	住宅	一般区域	67321.2	217590.25	3.23	24	1	3006.24	36	654128668.71	11778413.51	2
3	住宅	一般区域	28369.1	87448.22	3.08	7	2	2624.95	23	229547292.12	7467347.21	1
4	办公楼	重点区域	7649	63559.1	8.31	17	3	3960.48	32	251724649.43	8561500.67	1
5	办公楼	重点区域	18218.4	137729	7.56	33	3	4325.14	42	595697350.75	15261948.51	2
6	办公楼	一般区域	17548	26875.65	1.53	6	2	3720.84	18	62260331.69	3179054.69	4
7	办公楼	一般区域	45940.2	136528.32	2.97	16	1	2636.82	33	360000000.00	11001572.88	3
8	办公楼	一般区域	11001.8	62987.6	5.73	19	2	3676.79	24	231591884.05	6054733.91	2
9	商业	一般区域	33303.8	83436.29	2.51	12	1	1809.76	15	151000000.00	6060379.5	5
10	商业	一般区域	14704.4	53653.28	3.65	4	2	2079.25	20	111558403.50	5507374.07	4
11	学校医院	重点区域	20620	20711.28	1.00	4	1	3058.04	15	63335966.50	3396433.64	4
12	学校医院	重点区域	15111.25	44326	2.93	9	1	11079.69	20	167427974.46	5278311.53	3
13	学校医院	一般区域	72906.2	139527	1.91	5	2	3257.24	38	454472917.5	13061094.94	2
14	学校医院	一般区域	61148.2	85991	1.41	5	2	4580.84	31	393911424.6	11706785.22	2
15	工业	一般区域	45108	40500	0.9	1	0	2168.51	18	87824645.52	5357305.31	4
16	工业	一般区域	19185.06	39686.17	2.07	7	1	2629.95	13	104372507.5	4164166.92	5

测算项目

表 3.3-2

序号	项目性质	重点区域/一般区域	用地面积（m²）	总建筑面积（m²）	总建筑面积与用地面积之比	地上层数（层）	地下层数（层）	单价（元/m²）	项目工期（月）	分部分项费用（元）	安全文明措施费（元）	类别
1	学校医院	一般区域	72906.2	139527	1.91	5	2	3257.24	38	454472918	13061094.9	1
2	学校医院	一般区域	61148.2	85991	1.41	5	2	4580.84	31	393911425	11706785.2	2

在此，强调一下数据预处理的作用。

（1）解决数据量纲不同的问题。

经过标准化处理后，原始数据转化为无量纲化指标测评值，各指标值处于同一数量级别，可进行综合测评分析。

（2）避免数值问题。

不同指标之间，价格差异大，在同一坐标系中，没法反映真实情况。

（3）平衡各特征的贡献。

数据预处理的方法。

（1）归一化

1）把数据变成（0,1）或者（1,1）之间的小数。主要是为了数据处理方便提出来的，把数据映射到0~1范围之内处理，更加便捷快速。

2）把有量纲表达式变成无量纲表达式，便于不同单位或量级的指标能够进行比较和加权。归一化是一种简化计算的方式，即将有量纲的表达式，经过变换，化为无量纲的表达式，成为纯量。

常用方法：

①Min-Max Normalization

$$新数据=（原数据-最大值）/（最大值-最小值）$$

②平均归一化

$$新数据=（原数据-均值）/（最大值-最小值）$$

以上方法有一个缺陷就是当有新数据加入时，可能导致最大值和最小值的变化，需要重新定义。

3）非线性归一化

①对数函数转换：$x'=\log_{10}(x)/\log_{10}(\max)$

②反正切函数转换：$x'=\mathrm{atan}(x)\times(2/\pi)$

③经常用在数据分化比较大的场景，有些数值很大，有些很小。通过一些数学函数，将原始值进行映射。该方法包括log、指数，正切等。

（2）标准化

处理后的数据符合标准正态分布，即均值为0，标准差为1。公式：新数据=（原数据–均值）/标准差。

（3）中心化

平均值为0，对标准差无要求。公式：新数据=原数据–均值。

本节中采用的是标准化的方法。

代码清单 3.3.1　主成因分析

```
from sklearn.model_selection import train_test_split

from sklearn.preprocessing import StandardScaler

from sklearn.decomposition import PCA

from sklearn.naive_bayes import GaussianNB# 朴素贝叶斯

from sklearn import metrics

import matplotlib.pyplot as plt

from sklearn.datasets import load_wine

from sklearn.pipeline import make_pipeline

import pandas as pd

import numpy as np

# 测试预测的准确性

# 数据归一化的重要性

#PCA 图中，如果样本之间聚集在一起，说明这些样本差异性小；反之，样本
之间距离越远，样本之间差异性越大。

FIG_SIZE = (10, 7)


datafile = '../bq/ 安全文明措施费 .xlsx'

data = pd.read_excel(datafile) # 这个地方的 data 的类型是 DataFrame
```

```
data=data.loc[:,['S1','S2','S1/S2','LU','LD','Unit-Price','T','fee','SC-fee','class']]# 选取
编号和价格两个字段
#print(data)
X_train = data.loc[:,['S1','S2','S1/S2','LU','LD','Unit-Price','T','fee','SC-fee']]
y_train = data['class']# 数据的种类
X_train=np.array(X_train).tolist()
y_train=np.array(y_train).tolist()
n_sample = len(X_train)
np.random.seed(0)
order = np.random.permutation(n_sample)
X_train=np.array(X_train)[order]
y_train= np.array(y_train)[order].astype(np.float)# 不能直接 y，np.array(y) 避免
了 only integer scalar arrays can be converted to a scalar index


def meanX(dataX):
    return np.mean(dataX,axis=0)#axis=0 表示按照列来求均值，按行是 axis=1
average = meanX(X_train)
#print(average)
m, n = np.shape(X_train)
#print(m)
#print(X_train)
avgs = np.tile(average, (m, 1))
'''
b=[1,2,3]
tile(b,[2,3])
结果是 [[1,2,3,1,2,3,1,2,3],
```

```
                [1,2,3,1,2,3,1,2,3]]
'''
#print(avgs)
data_adjust = X_train - avgs
#print(data_adjust)
covX = np.cov(data_adjust.T)# 协方差矩阵
#print(covX)
featValue, featVec= np.linalg.eig(covX)# 协方差矩阵的特征值和特征向量
print(featValue)
print(featVec)
index = np.argsort(-featValue)#argsort() 是将 X 中的元素从小到大排序后，提取
对应的索引 index
print(index[:2])
'''
x = np.array([1,4,3,-1,6,9])
x.argsort()
结果 array([3, 0, 1, 2, 4, 5], dtype=int64)
'''

if 2 > n:
    print ("k must lower than feature number")
else:
    selectVec = np.matrix(featVec.T[index[:2]])# 取两个主要特征
    print(selectVec)
    finalData = data_adjust * selectVec.T# 即为降维后的数据，此处在演示后面的
transform（ ）
```

```
reconData = (finalData * selectVec) + average# 此处为推荐数据
print(finalData)


datafile = '../bq/ 安全文明措施费 .xlsx'
data = pd.read_excel(datafile,sheet_name=1,) # 这个地方的 data 的类型是 DataFrame
data=data.loc[:,['S1','S2','S1/S2','LU','LD','Unit-Price','T','fee','SC-fee','class']]# 选取
编号和价格两个字段
#print(data)
X_test= data.loc[:,['S1','S2','S1/S2','LU','LD','Unit-Price','T','fee','SC-fee']]
y_test = data['class']# 数据的种类
X_test=np.array(X_test).tolist()
y_test=np.array(y_test).tolist()
n_sample = len(X_test)
np.random.seed(0)
order = np.random.permutation(n_sample)
X_test=np.array(X_test)[order]
y_test= np.array(y_test)[order].astype(np.float)# 不能直接 y，np.array(y) 避免了
only integer scalar arrays can be converted to a scalar index


unscaled_clf = make_pipeline(PCA(n_components=2), GaussianNB())# 源数据是
2 维，目标数据也是 2 维？
unscaled_clf.fit(X_train, y_train)#X_train, y_train
pred_test = unscaled_clf.predict(X_test)#GaussianNB，有 predict，predict_log_proba
和 predict_proba 三种预测方法
#print(y_test)
```

```
#print(pred_test)


# Fit to data and predict using pipelined scaling, GNB and PCA.
std_clf = make_pipeline(StandardScaler(), PCA(n_components=2), GaussianNB())#
标准化数据 StandardScaler()
std_clf.fit(X_train, y_train)
pred_test_std = std_clf.predict(X_test)#X_test



# Show prediction accuracies in scaled and unscaled data.
print('\nPrediction accuracy for the normal test dataset with PCA')
print('{:.2%}\n'.format(metrics.accuracy_score(y_test, pred_test)))#y_test


print('\nPrediction accuracy for the standardized test dataset with PCA')
print('{:.2%}\n'.format(metrics.accuracy_score(y_test, pred_test_std)))#y_test


# Extract PCA from pipeline
pca = unscaled_clf.named_steps['pca']
pca_std = std_clf.named_steps['pca']


#print(pca.components_[:])
print(pca_std.components_[:])
#print(pca_std)


# Show first principal components 显示第一主成因
print('\nPC 1 without scaling:\n', pca.components_[0])#components_: 返回具有最
```

大方差的成分。即为特征向量

```
print('\nPC 1 with scaling:\n', pca_std.components_[0])
```

```
# Use PCA without and with scale on X_train data for visualization.
X_train_transformed = pca.transform(X_train)# 降维，components_[:] 和 X_train
相乘即为 X_train_transformed
#components_[:] 即为 spss 中的成分矩阵
'''
```

设有 m 条 n 维数据。

1. 将原始数据按列组成 n 行 m 列矩阵 X

2. 将 X 的每一行（代表一个属性字段）进行零均值化，即减去这一行的均值

3. 求出协方差矩阵

4. 求出协方差矩阵的特征值及对应的特征向量 r

5. 将特征向量按对应特征值大小从上到下按行排列成矩阵，取前 k 行组成矩
阵 P

6. 即为降维到 k 维后的数据

```
'''
#print(X_train_transformed)
```

```
scaler = std_clf.named_steps['standardscaler']
X_train_std_transformed = pca_std.transform(scaler.transform(X_train))#X_train
print(scaler.transform(X_train))
print(X_train_std_transformed)
```

```
# visualize standardized vs. untouched dataset with PCA performed
fig, (ax1, ax2) = plt.subplots(ncols=2, figsize=FIG_SIZE)
```

```
target_names=[' 范围内 ',' 低 ',' 略低 ',' 高 ',' 略高 ']
for l, c, m,n in zip(range(1,6), ('blue', 'red', 'green','brown','purple'), ('^', 's',
'o','*','h'),target_names):
    #print(X_train_transformed[y_train == l, 0])
    #print(X_train_transformed[y_train == l, 1])
    ax1.scatter(X_train_transformed[y_train == l, 0],# 取第 L 行，第 1 列数据
            X_train_transformed[y_train == l, 1],# 取第 L 行，第 2 列数据
            color=c,
            label=' 费率 %s' % n,
            alpha=0.5,
            marker=m
            )


for l, c, m,n in zip(range(1,6), ('blue', 'red', 'green','brown','purple'), ('^', 's',
'o','*','h'),target_names):
    print(X_train_std_transformed[y_train == l, 0])
    print(X_train_std_transformed[y_train == l, 1])
    ax2.scatter(X_train_std_transformed[y_train == l, 0],
            X_train_std_transformed[y_train == l, 1],# 如果改为 1 维，此处改为 0
            color=c,
            label=' 费率 %s' % n,
            alpha=0.5,
            marker=m
            )
```

```
ax1.set_title(' PCA 结果 ')

ax2.set_title(' PCA 结果（标准化数据）')


for ax in (ax1, ax2):

    ax.set_xlabel(' 第一主成因 ')

    ax.set_ylabel(' 第二主成因 ')

    ax.legend(loc='upper left')

    ax.grid()

plt.rcParams['font.sans-serif']=['SimHei']

plt.rcParams['axes.unicode_minus']=False

plt.tight_layout()

plt.show()
```

程序运行结果见图3.3–2。

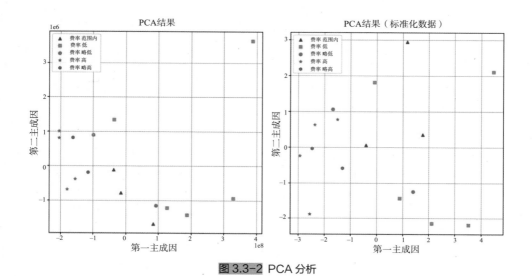

图 3.3-2 PCA 分析

3.4 关联规则

Apriori算法是经典的挖掘频繁项集和关联规则的数据挖掘算法。Apriori在拉丁语中指"来自以前"。当定义问题时，通常会使用先验知识或者假设，这被称作"一个先验"（a priori）。Apriori算法的名字正是基于这样的事实：算法使用频繁项集性质的先验性质，即频繁项集的所有非空子集也一定是频繁的。Apriori算法使用一种称为逐层搜索的迭代方法，其中k项集用于探索$(k+1)$项集。首先，通过扫描数据库，累计每个项的计数，并收集满足最小支持度的项，找出频繁1项集的集合。该集合记为L_1；然后，使用L_1找出频繁2项集的集合L_2，使用L_2找出L_3；如此下去，直到不能再找到频繁k项集。每找出一个L_k，需要一次数据库的完整扫描。Apriori算法使用频繁项集的先验性质来压缩搜索空间。

（1）基本概念

1）项与项集：设$itemset = \{item_1, item_2, \cdots, item\_m\}$是所有项的集合，其中，$item\_k(k=1,2,\cdots,m)$为项。项的集合称为项集（$itemset$），包含$k$个项的项集称为$k$项集（$k-itemset$）。

2）事务与事务集：一个事务T是一个项集，它是$itemset$的一个子集，每个事务均与一个唯一标识符Tid相联系。不同的事务一起组成了事务集D，它构成了关联规则发现的事务数据库。

3）关联规则：关联规则是形如$A=>B$的蕴涵式，其中A、B均为$itemset$的子集，$A \neq \varnothing$，$B \neq \varnothing$，且$A \cap B = \varnothing$。

4）支持度（support）：关联规则的支持度定义如下：

$$support(A \Rightarrow B) = P(A \cup B) \tag{3.4-1}$$

其中，$P(A \cup B)$表示事务包含集合A和B的并集的概率。

例如：计算清单名称为A的清单的支持度，支持度=（清单名称为A的清单数量）/（总的清单数量）。

5）置信度（confidence）：关联规则的置信度定义如下：

$$confidence(A \Rightarrow B) = P(B|A) = \frac{support(A \cup B)}{support(A)} = \frac{support\_count(A \cup B)}{support\_count(A)}$$

$$(3.4-2)$$

例如：如果使用清单名称A，有多大可能使用清单名称B，置信度$(A \Rightarrow B)$ = （清单名称为A和B的清单数量）/（清单名称为A的清单数量）。

6）项集的出现频度（support count）：包含项集的事务数，简称为项集的频度、支持度计数或计数。

7）频繁项集（frequent itemset）：如果项集I的相对支持度满足事先定义好的最小支持度阈值（即I的出现频度大于相应的最小出现频度（支持度计数）阈值），则I是频繁项集。

8）强关联规则：满足最小支持度和最小置信度的关联规则，即待挖掘的关联规则。

（2）步骤

1）每个项都是候选1项集的集合C_1的成员。算法扫描所有的事务，获得每个项，生成C_1；然后，对每个项进行计数；接着，根据最小支持度从C_1中删除不满足的项，从而获得频繁1项集L_1。

2）对L_1的自身连接生成的集合执行剪枝策略产生候选2项集的集合C_2；然后，扫描所有事务，对C_2中每个项进行计数；同样，根据最小支持度从C_2中删除不满足的项，从而获得频繁2项集L_2。

3）对L_2的自身连接生成的集合执行剪枝策略产生候选3项集的集合C_3；然后，扫描所有事务，对C_3每个项进行计数；同样，根据最小支持度从C_3中删除不满足的项，从而获得频繁3项集L_3。

4）以此类推，对L_{k-1}的自身连接生成的集合执行剪枝策略产生候选k项集C_k；然后，扫描所有事务，对C_k中的每个项进行计数；接着，根据最小支持度从C_k中删除不满足的项，从而获得频繁k项集。

一般来说，每个项目的工程量清单计价文件的不同子目可能要上百个。如果取整个项目的工程量清单进行关联规则分析，其计算量很大。因此，建议分步实施，先按不同专业的分部分项工程进行分析，找出不同专业的分部分项工程工程量清单的关联规则，再缩小工程量清单范围，挖掘项目的工程量清单关联规则。

运用表3.4-1中数据进行Apriori关联规则分析如下。

不同清单中的子目名称 表 3.4-1

id	名称
1	平整场地
1	平整场地
1	挖一般土方
1	回填土方
1	余方弃置
1	预制钢筋混凝土管桩
1	截（凿）桩头
1	砖基础
1	空心砖墙
1	矩形柱
1	矩形梁
2	平整场地
2	挖基础土方
2	管沟土方
……	……

代码清单 3.4.1　Apriori 关联规则

```
import pandas as pd
inputfile='../bq/bq-all-apriori.xlsx'
data = pd.read_excel(inputfile)
```

```python
# 根据 id 对"名称"列合并，并使用"，"将各名称隔开
# 如果同一 id 有相同名称，则取出重复项
data=data.drop_duplicates()
data[' 名称 '] = data[' 名称 '].apply(lambda x:','+x)
print(data)
data = data.groupby('id').sum().reset_index()
print(data)
# 对合并的名称列转换数据格式
data[' 名称 '] = data[' 名称 '].apply(lambda x :[x[1:]])
print(data)
data_list = list(data[' 名称 '])
print(data_list)


# 分割名称为每个元素
data_translation = []
for i in data_list:
    p = i[0].split(',')
 data_translation.append(p)
print(' 数据转换结果的前 5 个元素： \n', data_translation[0:5])


from numpy import *

def createC1(dataSet):
    C1 = []
```

```
    for transaction in dataSet:
        for item in transaction:
            if not [item] in C1:
                C1.append([item])
    C1.sort()
    # 映射为 frozenset 唯一性的，可使用其构造字典
    return list(map(frozenset, C1))


# 从候选 K 项集到频繁 K 项集（支持度计算）
def scanD(D, Ck, minSupport):
    ssCnt = {}
    for tid in D:  # 遍历数据集
        for can in Ck:  # 遍历候选项
            if can.issubset(tid):  # 判断候选项中是否含数据集的各项
                if not can in ssCnt:
                    ssCnt[can] = 1  # 不含设为 1
                else:
                    ssCnt[can] += 1  # 有则计数加 1
    numItems = float(len(D))  # 数据集大小
    retList = []  # L1 初始化
    supportData = {}  # 记录候选项中各个数据的支持度
    for key in ssCnt:
        support = ssCnt[key] / numItems  # 计算支持度
        if support >= minSupport:
                retList.insert(0, key)  # 满足条件加入 L1 中
                supportData[key] = support
```

```
            return retList, supportData


def calSupport(D, Ck, min_support):

    dict_sup = {}

    for i in D:

        for j in Ck:

            if j.issubset(i):

                if not j in dict_sup:

                    dict_sup[j] = 1

                else:

                    dict_sup[j] += 1

    sumCount = float(len(D))

    supportData = {}

    relist = []

    for i in dict_sup:

        temp_sup = dict_sup[i] / sumCount

        if temp_sup >= min_support:

            relist.append(i)
# 此处可设置返回全部的支持度数据（或者频繁项集的支持度数据）

            supportData[i] = temp_sup

    return relist, supportData


# 改进剪枝算法

def aprioriGen(Lk, k):

    retList = []

    lenLk = len(Lk)
```

```
    for i in range(lenLk):
        for j in range(i + 1, lenLk):  # 两两组合遍历
            L1 = list(Lk[i])[:k - 2]
            L2 = list(Lk[j])[:k - 2]
            L1.sort()
            L2.sort()
            if L1 == L2:  # 前 k-1 项相等，则可相乘，这样可防止重复项出现
                # 进行剪枝（a1 为 k 项集中的一个元素，b 为它的所有 k-1 项子集）
                a = Lk[i] | Lk[j]  # a 为 frozenset() 集合
                a1 = list(a)
                b = []
                # 遍历取出每一个元素，转换为 set，依次从 a1 中剔除该元素，
并加入到 b 中
                for q in range(len(a1)):
                    t = [a1[q]]
                    tt = frozenset(set(a1) - set(t))
                    b.append(tt)
                t = 0
                for w in b:
                    # 当 b（即所有 k-1 项子集）都是 Lk（频繁的）的子集，则保留，
否则删除
                    if w in Lk:
                        t += 1
                if t == len(b):
                    retList.append(b[0] | b[1])
    return retList
```

```
def apriori(dataSet, minSupport=0.4):
```

前 3 条语句是对计算查找单个元素中的频繁项集

```
    C1 = createC1(dataSet)

    D = list(map(set, dataSet))  # 使用 list() 转换为列表

    L1, supportData = calSupport(D, C1, minSupport)

    L = [L1]  # 加列表框，使得 1 项集为一个单独元素

    k = 2

    while (len(L[k - 2]) > 0):  # 是否还有候选集

        Ck = aprioriGen(L[k - 2], k)

        Lk, supK = scanD(D, Ck, minSupport)  # scan DB to get Lk

        supportData.update(supK)  # 把 supK 的键值对添加到 supportData 里

        L.append(Lk)  # L 最后一个值为空集

        k += 1

    del L[-1]  # 删除最后一个空集

    return L, supportData  # L 为频繁项集，为一个列表，1，2，3 项集分别为一个
```
元素

生成集合的所有子集

```
def getSubset(fromList, toList):

    for i in range(len(fromList)):

        t = [fromList[i]]

        tt = frozenset(set(fromList) - set(t))

        if not tt in toList:

            toList.append(tt)

            tt = list(tt)

            if len(tt) > 1:
```

```
            getSubset(tt, toList)


def calcConf(freqSet, H, supportData, ruleList, minConf=0.7):
    for conseq in H:  # 遍历 H 中的所有项集并计算它们的可信度值
        conf = supportData[freqSet] / supportData[freqSet - conseq]  # 可信度计算,
结合支持度数据
        # 提升度 lift 计算 lift = p(a & b) / p(a)*p(b)
        lift = supportData[freqSet] / (supportData[conseq] * supportData[freqSet -
conseq])


        if conf >= minConf and lift > 1:
            print(freqSet - conseq, '-->', conseq, '支持度', round(supportData[freqSet], 6),
' 置信度: ', round(conf, 6),
                'lift 值为: ', round(lift, 6))
            ruleList.append((freqSet - conseq, conseq, conf))


# 生成规则
def gen_rule(L, supportData, minConf = 0.7):
    bigRuleList = []
    for i in range(1, len(L)):  # 从二项集开始计算
        for freqSet in L[i]:  # freqSet 为所有的 k 项集
            # 求该三项集的所有非空子集,1 项集,2 项集,直到 k-1 项集,用 H1 表示,
为 list 类型,里面为 frozenset 类型,
            H1 = list(freqSet)
            all_subset = []
            getSubset(H1, all_subset)  # 生成所有的子集
```

```
        calcConf(freqSet, all_subset, supportData, bigRuleList, minConf)
    return bigRuleList


if __name__ == '__main__':
    dataSet = data_translation
    L, supportData = apriori(dataSet, minSupport = 0.4)
    rule = gen_rule(L, supportData, minConf = 0.7)
```

3.5 离群点检测

离群点是一个数据对象，它显著不同于其他数据对象，好像是被不同的机制产生的一样。有时，也称非离群点为"正常数据"，离群点为"异常数据"。

离群点不同于噪声数据。噪声是被观测变量的随机误差或方差。一般而言，噪声在数据分析（包括离群点分析）中不是令人感兴趣的。如在建设工程招标投标过程中，承包商会根据市场情况和企业的实力，调整自己的报价，使得价格和实际情况有偏差，但这不能被列为噪声数据。房屋建筑上部结构的含钢量一般在 $50 \sim 100 \text{kg/m}^2$。如果经计算，某栋高层建筑的含钢量只有 20kg/m^2，这个数据明显有问题，不是有效数据，应该被列为噪声数据。因此，与许多其他数据分析和数据挖掘任务一样，应该在离群点检测前就删除噪声。

（1）离群点的类型

离群点可以分成三类：全局离群点、情境（或条件）离群点和集体离群点。

1）全局离群点

在给定的数据集中，一个数据对象是全局离群点，如果它显著地偏离数据集中的其他对象。全局离群点是最简单的一类离群点，大部分的离群点检测方法都旨在找出全局离群点。

2）情境离群点

在给定的数据集中，一个数据对象是情境离群点。如果关于对象的特定情境，它显著地偏离其他对象。情境离群点又称为条件离群点，因为它们条件的依赖于选定的情境。一般来说，在情境离群点检测中，所考虑数据对象的属性划分成两组：

①情境属性：数据对象的情境属性定义对象的情境。一般为静态属性变量，如建设工程招标投标过程，不同建筑类型、不同地区的报价情况是不同的，先按照静态属性将建设工程大致分类，再检测每一类的离群点，会得到更好的结果。

②行为属性：定义对象的特征，并用来评估对象关于它所处的情境是否为离群点。在上述例子中，行为属性可以是承包商投标频率、在建工程数量等。

情境离群点分析为用户提供了灵活性，因为用户可以在不同情境下考察离群点，这在许多应用中都是非常期望的。

3）集体离群点

给定一个数据集，数据对象的一个子集形成集体离群点。如果这些对象作为整体，显著地偏离整个数据集。如若干家承包商进行投标，一家承包商报价偏低，不是集体离群点；好几家承包商报价都偏低，这好几家承包商形成一个集体离群点；这种情况可能是激烈的市场竞争引起的，也有可能是围标串标引起的，也可能是巧合。

与全局和情境离群点检测不同，在集体离群点检测中，不仅必须考虑个体对象的行为，而且还要考虑对象组群的行为。因此，为了检测集体离群点，需要关于对象之间联系的背景知识，如对象之间的距离或相似性测量方法。

（2）局部异常因子算法（Local Outlier Factor，LOF）

在数据挖掘方面，经常需要在做特征工程和模型训练之前对数据进行清洗，剔除无效数据和异常数据。异常检测也是数据挖掘的一个方向，用于反作弊、伪基站、金融诈骗等领域。

异常检测方法，针对不同的数据形式，有不同的实现方法。常用的有基于分布的方法，Z_α 表示是服从正态分布的随机变量 X 的上 α 分位点，代表一个数值，所

谓的上 α 分位点指的是 $P\{X>Z_\alpha\}=\alpha$ ，在上、下 α 分位点之外的值认为是异常值（图3.5-1），对于属性值常用此类方法。基于距离的方法，适用于二维或高维坐标体系内异常点的判别，例如二维平面坐标或经纬度空间坐标下异常点识别，可用此类方法。

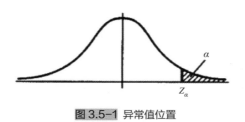

图 3.5-1 异常值位置

用视觉直观地感受一下，如图3.5-2所示，对于 C_1 集合的点，整体间距，密度，分散情况较为均匀一致，可以认为是同一簇；对于 C_2 集合的点，同样可认为是一簇。 O_1、O_2 点相对孤立，可以认为是异常点或离散点。现在的问题是，如何实现算法的通用性，可以满足 C_1 和 C_2 这种密度分散情况迥异的集合的异常点识别。基于距离的异常检测算法LOF可以实现我们的目标。

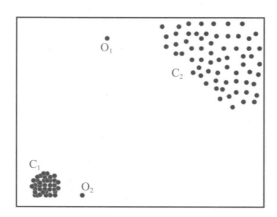

图 3.5-2 数据集的不同表现

LOF算法的相关定义：

1）$d(p,o)$：两点 p 和 o 之间的距离

2）第k距离（$k-distance$）

对于点p的第k距离$d_k(p)$定义如下：

$d_k(p)=d(p,o)$，且满足：

①在集合中至少有不包括p在内的k个点$o' \in C\{x \neq p\}$，满足$d(p,o') \leqslant d(p,o)$；

②在集合中最多有不包括p在内的$k-1$个点$o' \in C\{x \neq p\}$，满足$d(p,o') \leqslant d(p,o)$；

p的第k距离，也就是距离p第k远的点的距离，不包括p，如图3.5-3所示。

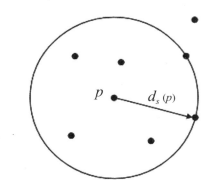

图 3.5-3　p 的第 k 距离

3）第k距离邻域（k-distance neighborhood of p）

点p的第k距离邻域$N_k(p)$，就是p的第k距离以内的所有点，包括第k距离。因此p的第k距离邻域点的个数$\left|N_k(p)\right| \geqslant k$。

4）可达距离（reach-distance）

点o到点p的第k可达距离定义为：

$$reach-distance_k(p,o)=max\{k-distance(o),d(p,o)\} \qquad （3.5-1）$$

也就是，点o到点p的第k可达距离，至少是点o的第k距离，或者为点o、p间的真实距离。

这也意味着，离点o最近的k个点，o到它们的可达距离被认为相等，且都等于$d_k(o)$。如图3.5-4所示，o_1到p的第5可达距离为$d(p,o_1)$，o_2到p的第5可达距离为$d_5(o_2)$。

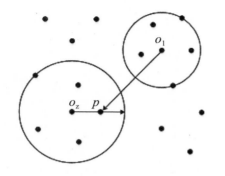

$$rech\text{-}dist_k\,(p,o_1) = d(p,o_1)$$

$$rech\text{-}dist_k\,(p,o_2) = d_5\,(o_2)$$

图 3.5-4 可达距离

5）局部可达密度（local reachability density）

点p的局部可达密度表示为：

$$lrd_k\left(p\right) = 1 \bigg/ \left(\frac{\sum_{o \in N_k(p)} rech-dist_k\left(p,o\right)}{\left|N_k\left(p\right)\right|}\right) \qquad (3.5-2)$$

表示点p的第k邻域内点到p的平均可达距离的倒数，是p的邻域点$N_k(p)$到p的可达距离，不是p到$N_k(p)$的可达距离。如果有重复点，分母的可达距离之和有可能为0，则会导致lrd变为无限大。

这个值的含义可以这样理解，首先这代表一个密度，密度越高，我们认为越可能属于同一簇，密度越低，越可能是离群点。如果p和周围邻域点是同一簇，那么可达距离越可能为较小的$d_k(o)$，导致可达距离之和较小，密度值较高；如果p和周围邻域点较远，那么可达距离可能都会取较大值$d(p,o)$，导致密度较小，越可能是离群点。

6）局部离群因子（local outlier factor）

点p的局部离群因子表示为：

$$LOF_k\left(p\right) = \frac{\sum_{o \in N_k(p)}\dfrac{lrd_k\left(o\right)}{lrd_k\left(p\right)}}{\left|N_k\left(p\right)\right|} = \frac{\sum_{o \in N_k(p)}lrd_k\left(o\right)}{\left|N_k\left(p\right)\right|}\bigg/ lrd_k\left(p\right) \qquad (3.5-3)$$

表示点p的邻域点$N_k(p)$的局部可达密度与点p的局部可达密度之比的平均数。如果这个比值越接近1，说明p的其邻域点密度差不多，p可能和邻域同属一簇；如果这个比值越小于1，说明p的密度高于其邻域点密度，p为密集点；如果这个比值越大于1，说明p的密度小于其邻域点密度，p越可能是异常点。运用表3.2-3的数据进行LOF离群点检测。

代码清单 3.5.1　LOF 离群点检测

```
import numpy as np

import pandas as pd

import matplotlib.pyplot as plt

from sklearn.neighbors import LocalOutlierFactor

datafile = '../bq/DBSCAN 聚类 .xlsx'

data = pd.read_excel(datafile,dtype={' 编号 ':str})  # 这个地方的 data 的类型是
DataFrame

data=data.loc[:,[' 编号 ',' 综合单价 1']]# 选取编号和价格两个字段

data[' 编号 ']=data[' 编号 '].map(lambda x: x[:9])# 编号取前 9 位

list1=data[' 编号 ']

list1=list(set(list1))


for i in range(len(list1)):
    # 此处重新打开文件的目的是，需要从最初库中找出符合条件的子目
    datafile = '../bq/DBSCAN 聚类 .xlsx'

     data = pd.read_excel(datafile,dtype={' 编号 ':str})  # 这个地方的 data 的类型
是 DataFrame

    data=data.loc[:,[' 编号 ',' 综合单价 1',' 综合单价 2']]# 选取编号和价格两个
字段
```

```
data[' 编号 ']=data[' 编号 '].map(lambda x: x[:9])# 编号取前 9 位
data=data[data[' 编号 '].apply(lambda x: x in list1[i])]# 取出与列表中编号一致
```
的子目
```
# Generate train data
X_inliers= data.loc[:,[' 综合单价 1',' 综合单价 2']]
X_inliers=np.array(X_inliers).tolist()
n_sample = len(X_inliers)
np.random.seed(0)
order = np.random.permutation(n_sample)
X_inliers=np.array(X_inliers)[order]
print(X_inliers)


# Generate some outliers
X_outliers = np.random.uniform(low=0, high=30, size=(20, 2))
print(X_outliers)


X = np.r_[X_inliers, X_outliers]
print(X)


n_outliers = len(X_outliers)
ground_truth = np.ones(len(X), dtype=int)
print(ground_truth)
ground_truth[-n_outliers:] = -1


clf = LocalOutlierFactor(n_neighbors=20, contamination=0.1)
y_pred = clf.fit_predict(X)
```

```python
n_errors = (y_pred != ground_truth).sum()

X_scores = clf.negative_outlier_factor_


plt.title(" 同一清单离群点分析（LOF）")#Local Outlier Factor (LOF)

plt.scatter(X[:, 0], X[:, 1], color='k', s=3., label=' 数据点 ')

# plot circles with radius proportional to the outlier scores

radius = (X_scores.max() - X_scores) / (X_scores.max() - X_scores.min())

plt.scatter(X[:, 0], X[:, 1], s=1000 * radius, edgecolors='r',

        facecolors='none', label=' 离群值 ')

plt.axis('tight')

plt.xlim((0, 30))

plt.ylim((0, 30))

plt.rcParams['font.sans-serif']=['SimHei'] # 正常显示中文标签

plt.rcParams['axes.unicode_minus'] = False # 正常显示负号

plt.xticks(fontsize=12)

plt.yticks(fontsize=12)

plt.xlabel(" 价格下限（m$\mathregular{^3}$），预测错误：%d" % (n_errors),
fontsize=12)

plt.ylabel(" 价格上限（m$\mathregular{^3}$）",fontsize=12)


legend = plt.legend(loc='upper left')

legend.legendHandles[0]._sizes = [10]

legend.legendHandles[1]._sizes = [20]

plt.show()
```

程序运行结果见图3.5-5。

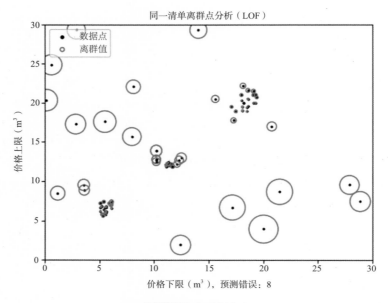

图 3.5-5 离群点检测

第 4 章 造价数据的图表绘制

在前面几个章节中，涉及绘图，我们基本上都使用matplotlib这个Python中最常用的绘图库。然而，matplotlib绘图库参数繁多，且有存在不一致的地方，如折线图plot()函数的线条颜色参数为color，而散点图scatter()函数的数据点颜色参数为c；matplotlib在绘制多数据系列图表时，语法相对烦琐，如需要使用循环语句for逐一绘制。

这里，先简要回顾一下matplotlib图表的基本内容。

matplotlib图表的组成元素包括：图形（figure）、坐标图形（axes）、图名（title）、图例（legend）、主要刻度（major tick）、主要刻度标签（major tick label）、次要刻度标签（minor tick label）、Y轴名称（Y axes label）、X轴名称（X axes label）、边框图（spine）、数据标记（markers）、网格线（grid）等，详见图4-1。

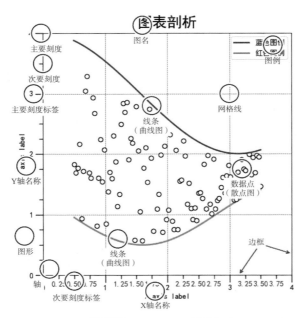

图 4-1 matplotlib 图表的组成

matplotlib绘图主要函数：

（1）plot()

函数功能：展现变量的趋势变化

调用签名：plt.plot(x,y,ls="-",lw=2,label="plot figure")

参数说明：

1）x：x轴上的数值

2）y：y轴上的数值

3）ls：折线图的线条风格

4）lw：折线图的线条宽度

5）label：标记图形内容的标签文本

（2）scatter()

函数功能：寻找变量之间的关系

调用签名：plt.scatter(x,y,c="b",label="scatter figure")

参数说明：

1）x：x轴上的数值

2）y：y轴上的数值

3）c：散点图中的标记的颜色

4）label：标记图形内容的标签文本

（3）xlim()

函数功能：设置X轴的数值显示范围

调用签名：plt.xlim(xmin,xmax)

参数说明：

1）xmin：x轴上的最小值

2）xmax：x轴上的最大值

3）平移性：上面的函数功能，调用签名和参数说明同样可以平移到函数ylim()上

（4）xlabel()

函数功能：设置X轴的标签文本

调用签名：plt.xlabel(string)

参数说明：

1）string：标签文本内容

2）平移性：上面的函数功能，调用签名和参数说明同样可以平移到函数ylabel()上

（5）grid()

函数功能：绘制刻度线的网格线

调用签名：plt.grid(linestyle=":",color="r")

参数说明：

1）linestyle：网格线的线条风格

2）color：网格线的线条颜色

（6）axhline()

函数功能：绘制平行于x轴的水平参考线

调用签名：plt.axhline(y=0.0,c="r",ls="–",lw=2)

参数说明：

1）y：水平参考线的出发点

2）c：参考线的线条颜色

3）ls：参考线的线条风格

4）lw：参考线的线条宽度

5）平移性：上面的函数功能，调用签名和参数说明同样可以平移到函数axvline()上

（7）axvspan()

函数功能：绘制垂直于X轴的参考区域

调用签名：plt.axvspan(xmin=1.0,xmax=2.0,facecolor="y",alpha=0.3)

参数说明：

1）xmin：参考区域的起始位置

2）xmax：参考区域的终止位置

3）facecolor：参考区域的填充颜色

4）alpha：参考区域填充颜色透明度

5）平移性：上面的函数功能，调用签名和参数说明同样可以平移到函数axhspan()上

（8）annotate()

函数功能：添加图形内容细节的指向型注释文本

调用签名：

plt.annotate(string,xy=(np.pi/2,1.0),xytext=((np.pi/2)+1.0,0.8),weight="bold",color="b",arrowprops=dict(arrowstyle=">",connectionstyle="arc3",color="b")

参数说明：

1）string：图形内容的注释文本

2）xy：被注释图形内容的位置坐标

3）xytext：注释文本的位置坐标

4）weight：注释文本的字体粗细风格

5）color：注释文本的字体颜色

6）arrowprops：指示被注释内容的箭头的属性字典

（9）text()

函数功能：添加图形内容细节的无指向型注释文本

调用签名：plt.text(x,y,string,weight="bold",color="b")

参数说明：

1）x：注释文本内容所在位置的横坐标

2）y：注释文本内容所在位置的纵坐标

3）string：注释文本内容

4）weight：注释文本内容的粗细风格

5）color：注释文本内容的字体风格

（10）title()

函数功能：添加函数内容的标题

调用签名：plt.title(string)

参数说明：

string：图形内容的标题文本

（11）legend()

函数功能：标示不同图形的文本标签图例

调用签名：plt.legend(loc="lower left)

参数说明：

loc：图例在图中的地理位置（lower、upper、center与left、right的组合）

其实，Excel中也提供了很多绘图样式，对于简单的图表，Excel完全能够满足需求。但是，Excel不适合处理大数据量的表格、多个数据表格、复杂公式以及动态图表。

在本章中，我们重点介绍plotnine绘图库。plotnine的语法相对清晰，操作简便，同样可以绘制美观的个性化图表，美中不足是无法绘制三维图表和动态图表。因此，本章还会结合matplotlib讲解图表绘制。

R语言数据可视化的强大之处是ggplot2的应用，它是一个功能强大且灵活的R包，由Hadley Wickham编写。其中，gg表示图形语法（grammar of graph）。plotnine就是Python的ggplot2，具有以下几个特点：

（1）采用图层的设计方式，有利于使用结构化思维实现数据可视化。有明确的起始（ggplot()开始）和终止，图层之间用"+"实现叠加，由下往上层层叠加。通常，一个geom_×××()函数或stat_×××()函数可以绘制一个图层。

（2）将表征数据和图形细节分开，能快速表现图形，更容易实现创造性的图表。可以使用stat_×××()函数将常用的统计变换融入图形。

plotnine绘图的基本语法结构主要包括以下内容：

（1）必须层面

1）ggplot：底层绘图函数。Data为数据集，主要是DataFrame格式的数据集；mapping表示变量的映射，用来表示变量X和Y，还可以定义颜色（color）、大小

（size）或形状（shape）。

2）geom_×××()或stat_×××()：几何图层或统计变换，如常见的有散点图geom_point()、折线图geom_line()、柱形图geom_bar()、坡度图geom_vline()、克利夫兰点图geom_point()等。

（2）可选层面

可选层面主要用于实现图表的美化和变换等功能。

1）scale_×××()：度量调整，包括颜色（color）、大小（size）或形状（shape），与mapping的映射变量项对应。

2）coord_×××()：笛卡儿坐标系，plotnine暂无法使用极坐标系和地理空间坐标系。

3）facet_×××()：分面系统，将某个变量进行分面变换，包括按行、按列和按网格等形式分面绘图。

4）guides()：图例调整，主要包括连续型和离散型两种类型的图例。

5）theme()：主题设置，主要是调整图表的细节，包括字体大小、图表背景颜色、网格线的间隔和颜色等。

plotnine绘图主要函数：

（1）plotnine绘图函数分类（表4-1）

plotnine 绘图函数分类　　　　表 4-1

变量数	类型	函数	常用图表类型
1	连续型	geom_histogram()、geom_density()、geom_dotplot()、geom_freqploy()、geom_qq()、geom_area()	统计直方图、核密度估计曲线图
	离散型	geom_bar()	柱形图
2	X-连续型 Y-连续型	geom_point()、geom_area()、geom_line()、geom_jitter()、geom_smooth()、geom_label()、geom_text()、geom_bin2d()、geom_density2d()、geom_step()、geom_quantile()、geom_rug()	散点图、面积图、折线图、散点抖动图、平滑曲线图、文本、标签、二维统计直方图、二维核密度估计图
	X-离散型 Y-连续型	geom_boxplot()、geom_violin()、geom_dotplot()、geom_col()	箱形图、小提琴图、点阵图、统计直方图

续表

变量数	类型	函数	常用图表类型
2	X- 离散型 Y- 离散型	geom_count()	二维统计直方图
3	X,Y,Z- 连续型	geom_tile()	热力图

（2）plotnine函数映射参数（表4-2）

plotnine 函数映射参数 表 4-2

元素	geom_×××() 函数	类别型映射参数	数值型映射参数
点（point）	geom_point()、geom_dotplot()、geom_jitter() 等	color、fill、shape	color、fill、alpha、size
线（line）	geom_hline()、geom_path()、geom_curve()、geom_density()、geom_linerange()、geom_step()、geom_abline()、geom_line() 等	color、linetype	color、size
多边形（polygon）	geom_polygon()、geom_rect()、geom_bar()、geom_ribbon()、geom_area()、geom_histogram()、geom_violin()	color、fill	color、fill、alpha
文本（text）	geom_label()、geom_text()	color	color、angle、alpha、size

在讲绘图前，先解决一个我国程序员必须面临的问题，中文字体的显示。不管是matplotlib还是plotnine，都是由外国人主导设计的，因此，显示英文没有问题，但是无法正常显示中文，我们在调试程序的时候经常遇到怪字符问题。

在matplotlib中，可以使用以下两句语句解决。

plt.rcParams['font.sans-serif']=['SimHei'] #正常显示中文标签

plt.rcParams['axes.unicode_minus'] = False #正常显示负号

在plotnine中，无法用两句语句直接解决，需要在有text显示要求的语句中逐一添加family="SimSun"，如此中文显示问题就迎刃而解了。

4.1 散点图

plotnine画散点图，主要使用geom_point()，但是散点图其实可以超越x和y轴，更加丰富地展示数据，增加数据的维度。下面展示的例子因为局限于时间和价格两个参数，所以在将散点图的大小size和填充颜色fill都映射到了价格，但是如果还有其他参数，则图形表示就会更全面。如在电梯案例中，我们采集了荷载、满载人数、层数、速度、价格等信息，根据需要形成了四维图表。

此外plotnine对颜色有专门的主题方案可以使用（表4.1-1、表4.1-2）。

离散型颜色主题方案　　　　　　　　　　　　　　表 4.1-1

序号	颜色度量语句	说明
1	(p+scale_fill_discrete())	plotnine 默认配色方案
2	(p+scale_fill_brewer(type='qualitative',palette='Set1'))	使用 Set1 的多色系颜色主题方案
3	(p+scale_fill_hue(s=1,l=0.65,h=0.0417,color_space='husl'))	使用 HSLuv 的离散型颜色主题方案
4	(p+scale_fill_manual(values=("#E7298A","#6661E","#E6AB02")))	使用 Hex 颜色码自定义填充颜色

连续型颜色主题方案　　　　　　　　　　　　　　表 4.1-2

序号	颜色度量语句	说明
1	(p+scale_fill_distiller(type='div',palette="RdYlBu"))	使用双色渐变系 "RdYlBu"
2	(p+scale_fill_camp(name='viridis'))	使用 'viridis' 颜色主题方案
3	(p+scale_fill_gradient2(low="#00A08A",mid="white",high="#FF0000",np.mean(data['价格'])))	自定义连续的颜色条，np.mean(data['价格']) 表示价格均值对应中间色 "white"
4	(p+scale_fill_gradientn(colors=("#82C143","white","#CB1B81")))	使用 Hex 颜色码自定义填充颜色

运用表4.1-3中数据画散点图。

钢材价格　　　　　　　　　表 4.1–3

日期	价格（元/t）	材料名称	材料类型	日期	价格（元/t）	材料名称	材料类型
2017-9-1	4650	成型钢筋	黑色金属	2019-4-1	4400	成型钢筋	黑色金属
2017-10-1	4540	成型钢筋	黑色金属	2019-5-1	4530	成型钢筋	黑色金属
2017-11-1	4570	成型钢筋	黑色金属	2019-6-1	4410	成型钢筋	黑色金属
2017-12-1	5130	成型钢筋	黑色金属	2019-7-1	4410	成型钢筋	黑色金属
2018-1-1	4700	成型钢筋	黑色金属	2019-8-1	4310	成型钢筋	黑色金属
2018-2-1	4460	成型钢筋	黑色金属	2019-9-1	4160	成型钢筋	黑色金属
2018-3-1	4540	成型钢筋	黑色金属	2019-10-1	4250	成型钢筋	黑色金属
2018-4-1	4230	成型钢筋	黑色金属	2019-11-1	4260	成型钢筋	黑色金属
2018-5-1	4530	成型钢筋	黑色金属	2019-12-1	4490	成型钢筋	黑色金属
2018-6-1	4580	成型钢筋	黑色金属	2020-1-1	4180	成型钢筋	黑色金属
2018-7-1	4600	成型钢筋	黑色金属	2020-2-1	4010	成型钢筋	黑色金属
2018-8-1	4700	成型钢筋	黑色金属	2020-3-1	3940	成型钢筋	黑色金属
2018-9-1	4950	成型钢筋	黑色金属	2020-4-1	3945	成型钢筋	黑色金属
2018-10-1	5030	成型钢筋	黑色金属	2020-5-1	3895	成型钢筋	黑色金属
2018-11-1	5080	成型钢筋	黑色金属	2020-6-1	3980	成型钢筋	黑色金属
2018-12-1	4390	成型钢筋	黑色金属	2020-7-1	3970	成型钢筋	黑色金属
2019-1-1	4290	成型钢筋	黑色金属	2020-8-1	4050	成型钢筋	黑色金属
2019-2-1	4280	成型钢筋	黑色金属	2020-9-1	4120	成型钢筋	黑色金属
2019-3-1	4320	成型钢筋	黑色金属	2020-10-1	4110	成型钢筋	黑色金属

代码清单 4.1.1　散点图

```
import pandas as pd

import numpy as np

from plotnine import *

import datetime
```

```
discfile = '../bq/ 气泡图 .xlsx'
data = pd.read_excel(discfile)

base_plot=(ggplot(data, aes(x=' 日期 ',y=' 价格 '))+
    geom_point(aes(size=' 价格 ',fill=' 价格 '),shape='o',colour="#377EB8",alpha=
0.4)+#alpha 透明度
    labs(title=' 钢材价格 ',x=' 日期 ',y=' 价格（元 /t）')+
# 绘制气泡图，颜色填充和面积大小都映射到 "价格"
    scale_fill_cmap(name='viridis')+# 颜色主题
    scale_size_area(max_size=8)+ # 设置显示的气泡图气泡最大面积
    geom_text(label =data[' 价格 '],nudge_x =0,nudge_y =50)+ # 添加价格标签，
nudge 是相对点的位置
    theme(
text=element_text(size=15,face="plain",color="black",family="SimSun"),# 表头文
字设置

axis_title=element_text(size=14,face="plain",color="black",family="SimSun"),# 坐
标轴标识
    axis_text =
element_text(size=12,face="plain",color="black",family="SimSun"),# 坐标轴刻度

#legend_title=element_text(size=14,face="plain",color="black",family="SimS
un"),# 图例标识
    #legend_text =
element_text(size=12,face="plain",color="black",family="SimSun"),# 图例内容
    aspect_ratio =1.2,
```

```
figure_size = (5,5),

dpi = 100

)

)

print(base_plot)
```

程序运行结果见图4.1-1。

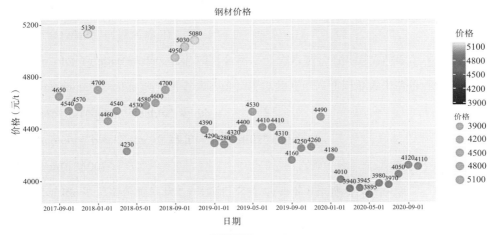

图 4.1-1 散点图

运用表4.1-4中数据画散点图。

客用电梯相关信息　　　　　　　　　　　　　表 4.1-4

序号	设备名称	荷载（kg）	满载人数（人）	层数	速度（m/s）	品牌	价格（万元）
1	客用电梯	2000	26	32	3	三菱	90.2
2	客用电梯	1350	18	12	1.75	三菱	32.8
3	客用电梯	1350	18	16	2.5	三菱	64
4	客用电梯	800	10	12	1.75	三菱	28.5

续表

序号	设备名称	荷载（kg）	满载人数（人）	层数	速度（m/s）	品牌	价格（万元）
5	客用电梯	1600	21	6	1	三菱	27.1
6	客用电梯	1600	21	5	1	三菱	26.3
7	客用电梯	1000	10	25	2	奥的斯	32.4
8	客用电梯	1000	10	21	2	奥的斯	30.1
9	客用电梯	1000	10	14	1.75	奥的斯	25.5
10	客用电梯	1350	18	11	2	奥的斯	39
11	客用电梯	1350	18	20	2	奥的斯	50
12	客用电梯	1600	18	13	2.5	奥的斯	34.3
13	客用电梯	1050	14	6	1.6	奥的斯	32.2
14	客用电梯	2000	26	20	3	奥的斯	132.3
15	客用电梯	1000	13	17	2	日立	22.7
16	客用电梯	1000	13	14	2	日立	20.7
17	客用电梯	1000	13	17	1.75	日立	19
18	客用电梯	1000	13	18	1.75	日立	19.5
19	客用电梯	1600	21	6	1	日立	29.7
20	客用电梯	1600	21	5	1	日立	25
21	客用电梯	1350	18	16	2.5	日立	65
22	客用电梯	1000	13	28	2	迅达	30.8
23	客用电梯	1600	21	6	1	迅达	31.76
24	客用电梯	2000	26	32	3	迅达	55.7
25	客用电梯	1000	13	6	1.5	迅达	21.2
26	客用电梯	1350	18	18	2	迅达	35.5
27	客用电梯	1600	21	13	1.5	迅达	39.3
28	客用电梯	1050	18	6	1.75	富士达	16.4
29	客用电梯	1350	18	25	3	富士达	35.7
30	客用电梯	1200	16	19	2	富士达	37.6
31	客用电梯	1050	14	14	1.75	富士达	21.8
32	客用电梯	1000	13	21	1.75	东芝	24.4

序号	设备名称	荷载（kg）	满载人数（人）	层数	速度（m/s）	品牌	价格（万元）
33	客用电梯	1050	18	14	1.75	东芝	18.7
34	客用电梯	1000	13	9	1.75	东芝	17.2
35	客用电梯	1600	21	6	1	东芝	24.6

代码清单 4.1.2　散点图

```
import pandas as pd

import numpy as np

from plotnine import *

discfile = '../bq/ 电梯气泡图 .xlsx'

df = pd.read_excel(discfile)


p4=(ggplot(df, aes(x=' 层数 ',y=' 价格 ( 万元 )',size=' 速度 (m/s)',fill=' 品牌 ')) +

    geom_point(shape='o',colour="brown",stroke=0.25, alpha=0.7)+

    labs(title=' 客用电梯价格 ',x=' 层数 ',y=' 价格（万元）')+

    theme(


text=element_text(size=15,face="plain",color="black",family="SimSun"),# 表头文
字设置


axis_title=element_text(size=14,face="plain",color="black",family="SimSun"),# 坐
标轴标识
    axis_text =
element_text(size=12,face="plain",color="black",family="SimSun"),# 坐标轴刻度


#legend_title=element_text(size=14,face="plain",color="black",family="SimS
```

```
un"),# 图例标识
    #legend_text =
element_text(size=12,face="plain",color="black",family="SimSun"),# 图例内容
    aspect_ratio =1.2,
    figure_size = (12,5),
    dpi = 100
    )
  )
print(p4)
```

程序运行结果见图4.1-2。

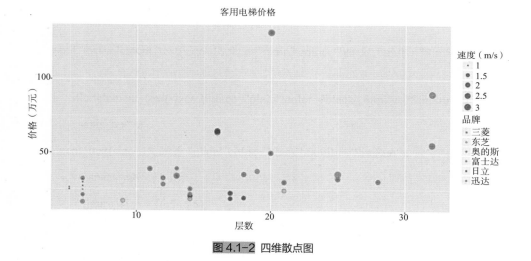

图 4.1-2 四维散点图

plotnine无法实现动态图表，在这方面，matplotlib的animation模块使用起来很方便。要实现动态图表，一般要自定义两个函数，一个是图表初始函数；另一个是更新图表函数。然后，调用FuncAnimation函数，把相关指令和数据传递给两个函数，就可以让图表动起来了。FuncAnimation函数还可以将生成的图表按gif格式存储到指定位置。运用表4.1-3中数据画动态散点图。

代码清单 4.1.3　动态散点图

```
import numpy as np

import matplotlib.pyplot as plt

from matplotlib.animation import FuncAnimation

import pandas as pd

import datetime


discfile = '../bq/ 气泡图 .xlsx'

data = pd.read_excel(discfile)


data1=data[' 日期 '].values# 成为 'numpy.ndarray'

data1=data1.tolist()#'numpy.ndarray' 转 list

data3=[]

for i in range(len(data1)):

    s=str(data1[i])# 转为字符

     dateArray = datetime.datetime.fromtimestamp(int(s[0:10]))# 取前十位，并转为数字

    data3.append(dateArray.strftime("%Y-%m"))

data2=list(data[' 价格 '])


fig, ax = plt.subplots()# 生成子图，相当于 fig = plt.figure(),ax = fig.add_subplot(),
其中 ax 的函数参数表示把当前画布进行分割，例：fig.add_subplot(2,2,2). 表
示将画布分割为两行两列
#ax 在第 2 个子图中绘制，其中行优先，

xdata, ydata= [], [] # 初始化两个数组

ax.grid(linestyle='-.')# 增加网格，线条样式 linestyle='-.' 或 ls='--'，如果是空，
则默认是实线，也可以设置颜色 c='r'
```

```
scat=ax.scatter([], []) # 第三、四个参数表示画散点的大小和颜色，具体参见：
https://blog.csdn.net/tengqingyong/article/details/78829596


def init():

plt.xticks(range(0,len(data3)+1,2),data3[0:len(data3):2],fontsize=10,rotation=45)
    ax.set_ylim(3800, 5250)# 设置 y 轴的范围
    del xdata[:]
    del ydata[:]
    return scat # 返回曲线


def update(n):
    xdata.append(n)# 将每次传过来的 n 追加到 xdata 中
    ydata.append(data2[n])
    # 数据转为二维数组
    xdata1=list(zip(xdata,ydata))
    xdata2=np.array(xdata1)
    xdata3=np.array(ydata)
    xdata4=(xdata3/1000)**2/30#* (0,0,0,1)
    xdata5=xdata4[:,None]* (0,1,1,1)# 对数组进行转置，set_color 需要四维 RGBA，
所以乘以 (0,1,1,1)
    print(xdata5)
    scat.set_offsets(xdata2)# 重新设置散点的值
    scat.set_sizes((xdata3/800)**3)# 设置散点大小（通过指数可以加大差异）
    scat.set_color(xdata5)# 设置散点颜色
    #print(xdata5)
```

```
    return scat
```

plt.xlabel(' 年月 ',fontsize=10)

plt.ylabel(' 价格 (元 /t)')

plt.title('2014—2020 年钢材价格走势 ')

plt.rcParams['font.sans-serif']=['SimHei'] # 正常显示中文标签

plt.rcParams['axes.unicode_minus'] = False # 正常显示负号

ani=FuncAnimation(fig,update,frames=len(data3),init_func=init,interval=50,blit=F-
alse,repeat=False)# 这里的 frames 在调用 update 函数是会将 frames 作为实参传
递给 "n" , repeat=False 不循环播放

ani.save(' 动态气泡图 .gif', writer='pillow')# 生成 gif 图片

plt.show()

程序运行结果见图4.1-3。

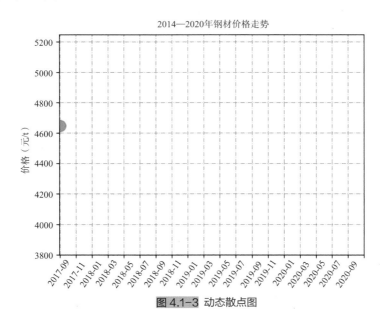

图 4.1-3 动态散点图

4.2 折线图

折线图案例中，我们继续使用钢材价格，为了看到较长时间的趋势，增加了数据量。运用geom_line()函数画出折线图，在折线图的基础上，使用geom_point()添加散点。为使图像更加鲜明、美观，使用scale_color_distiller()函数，添加颜色主题，前提是ggplot()中让colour与价格建立映射关系。运用表3.1–4的数据画折线图。

代码清单 4.2.1　折线图

```
import pandas as pd
import numpy as np
from plotnine import *
import datetime


discfile = '../bq/steelprice.xlsx'
data = pd.read_excel(discfile,sheet_name=1)
print(data)


base_plot=(ggplot(data, aes(x=' 日期 ',y=' 价格 ',colour=' 价格 '))+
    geom_line(size=1)+
    geom_point(shape='o',size=5)+#,colour="#377EB8",alpha=0.4)+#alpha 透明度
    labs(title=' 钢材价格 ',x=' 日期 ',y=' 价格（元 /t）')+
    scale_color_distiller(palette="Reds",direction =1)+# 颜色主题
    guides(color=guide_colorbar(title=" 点线 "))+
    theme(
        text=element_text(size=15,face="plain",color="black",family="SimSun"),#
表头文字设置
```

```
axis_title=element_text(size=14,face="plain",color="black",family="SimSun"),# 坐
标轴标识
        axis_text =
element_text(size=12,face="plain",color="black",family="SimSun"),# 坐标轴刻度

legend_title=element_text(size=14,face="plain",color="black",family="SimSun"),#
图例标识
        #legend_text =
element_text(size=12,face="plain",color="black",family="SimSun"),# 图例内容
        aspect_ratio =1.2,
        figure_size = (10,5),
        dpi = 100
        )
    )
print(base_plot)
```

程序运行结果见图4.2-1。

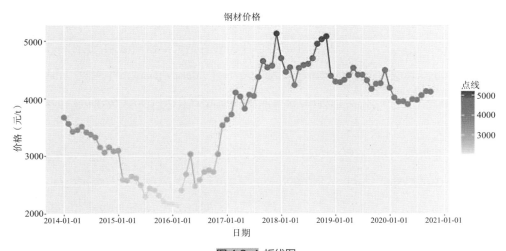

图 4.2-1 折线图

python程序中，关于时间的处理也是一个小难点，是需要DataFrame格式还是List格式、是需要7位（年月）还是10位（年月日），都应该根据实际情况进行调整。在动态散点图和动态折线图中，为了取7位（年月），因此先将DataFrame格式的日期转为numpy格式，再转为List，然后转为字符型，就可以取需要的内容了。

代码清单 4.2.2　动态折线图

```python
import numpy as np
import matplotlib.pyplot as plt
from matplotlib.animation import FuncAnimation
import pandas as pd
import datetime


discfile = '../bq/steelprice.xlsx'
data = pd.read_excel(discfile)


data1=data[' 日期 '].values# 成为 'numpy.ndarray'
data1=data1.tolist()#'numpy.ndarray' 转 list
data3=[]
for i in range(len(data1)):
    s=str(data1[i])# 转为字符
    dateArray = datetime.datetime.fromtimestamp(int(s[0:10]))# 取前十位，并转
为数字
    data3.append(dateArray.strftime("%Y-%m"))
#print(data3)
data2=list(data[' 价格 '])
#print(data2)
```

```
fig, ax = plt.subplots()# 生成子图，相当于 fig = plt.figure(),ax = fig.add_subplot(),
```
其中 ax 的函数参数表示把当前画布进行分割，例：fig.add_subplot(2,2,2) 表示将画布分割为两行两列
```
#ax 在第 2 个子图中绘制，其中行优先，
xdata, ydata = [], [] # 初始化两个数组
ax.grid(linestyle='-.')# 增加网格，线条样式 linestyle='-.' 或 ls='--'，如果是空，
```
则默认是实线，也可以设置颜色 c='r'
```
ln, = ax.plot([], [], 'r-', animated=False) #第三个参数表示画曲线的颜色和线型，
```
具体参见：https://blog.csdn.net/tengqingyong/article/details/78829596
```
plt.rcParams['font.sans-serif']=['SimHei'] # 正常显示中文标签
plt.rcParams['axes.unicode_minus'] = False # 正常显示负号


def init():
    #ax.set_xlim(0,81) # 设置 x 轴的范围，只能是数值型的 x 轴
plt.xticks(range(0,len(data3)+1,3),data3[0:len(data3):3],fontsize=10,rotation=45)
    #data3[0:len(data3):3] 取列表中所有的项作为标签，步长 3，
rotation='vertical'
    ax.set_ylim(2000, 6000)# 设置 y 轴的范围
    del xdata[:]
    del ydata[:]
    return ln # 返回曲线


def update(n):
    xdata.append(n)# 将每次传过来的 n 追加到 xdata 中
    ydata.append(data2[n])
    ln.set_data(xdata, ydata)# 重新设置曲线的值
```

```
    return ln,

plt.xlabel(' 年月 ',fontsize=10)

plt.ylabel(' 价格（元 /t）')

plt.title('2014—2020 年钢材价格走势 ')


ani=FuncAnimation(fig,update,frames=len(data3),init_func=init,interval=50,blit=F-
alse,repeat=False)# 这里的 frames 在调用 update 函数时会将 frames 作为实参传
递给 "n"， repeat=False 不循环播放
ani.save(' 动态折线图 .gif', writer='pillow')# 生成 gif 图片
plt.show()
```

程序运行结果见图4.2-2。

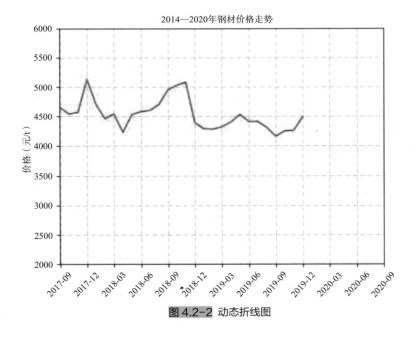

图 4.2-2 动态折线图

代码清单 4.2.3　面积折线图

```
import pandas as pd

import numpy as np

from plotnine import *

discfile = '../bq/steelprice.xlsx'

data = pd.read_excel(discfile,sheet_name=1)

base_plot=(ggplot(data, aes(x =' 日期 ', y = ' 价格 ',group=1) )+

    geom_area(fill="#FF6B5E",alpha=0.75,color='none')+

    geom_line(color="black",size=0.75)+

    labs(title=' 钢材价格 ',x=' 日期 ',y=' 价格（元 /t）')+

    scale_x_date(date_labels = "%Y-%m",date_breaks = "5 month")+

    xlab(" 日期 ")+

    ylab(" 价格（元 /t）")+

  theme(


text=element_text(size=15,face="plain",color="black",family="SimSun"),# 表头文
字设置

axis_title=element_text(size=10,face="plain",color="black",family="SimSun"),

        axis_text_x =

element_text(size=10,face="plain",color="black",family="SimSun",angle=30),

        axis_text_y =

element_text(size=10,face="plain",color="black",family="SimSun"),

        legend_position = (0.25,0.8),

        legend_background = element_blank(),

        aspect_ratio =0.85,

      figure_size = (5, 5),
```

```
          dpi = 100
   ))
print(base_plot)
```

程序运行结果见图4.2-3。

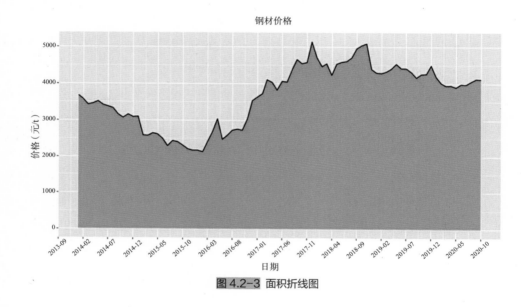

图 4.2-3 面积折线图

4.3 柱状图

柱状图用于显示一段时间内的数据变化或显示各项之间的差异。在柱形图中，类别型或者序数型变量映射到X轴的位置，数值型变量映射到矩形的高度，即Y轴的方向。plotnine中的geom_bar()函数可以绘制系列柱形图，包括单数据柱形图、多数据柱形图、堆积柱形图和百分比堆积柱形图。

绘制柱形图和条形图首先要解决的是排序问题。排序问题如果不解决，图表会让人有凌乱的感觉。在绘制柱形图时，X轴变量默认为输入的数据顺序，Y轴变量和图例变量默认字母顺序。对于排序可以使用sort_values()函数，在函数中设置参数ascending。

这里有必要先学习一下Categorical()和CategoricalDtype()，这两个都是分类函数，都可以实现数据的分类和排序，其中CategoricalDtype()需结合astype()使用。

geom_bar()函数中的position参数设置比较灵活，可以产生不同的效果：

（1）dodge：多数据条形图，水平方向生产相同宽度的柱状图。

（2）stack：垂直方向的堆积图。

（3）fill：百分比堆积图。

另外需要说明的是，plotnine中柱状图和条形图其实是一回事，只需在语句中添加coord_flip()就能转换成条形图，不像matplotlib中柱状图是bar()，条形图是barh()。

运用表4.3-1 ~ 表4.3-4中数据画柱状图。

项目总造价

表 4.3-1

项目名称	平方米造价（元/m²）
建安工程费	3544.3
精装修	576.1
基础设施工程	717.72
配套设施工程	86.14
二类费用	144.06

造价审核对比

表 4.3-2

项目名称	送审平方米造价（元/m²）	审核平方米造价（元/m²）
建安工程费	3544.3	3455
精装修	576.1	540
基础设施工程	717.72	710
配套设施工程	86.14	85
二类费用	144.06	143

二类费用构成 表 4.3–3

项目名称	平方米造价（元 /m²）
勘察费	1.79
规划设计费	83.86
三通一平临设费	6.56
报批报建费	21.4
工程监理费	14.87
造价咨询服务费	15.13
其他	0.46

含钢量 表 4.3–4

项目名称	含钢量（kg/m²）
洋房	53.7
别墅	73.39
地下室	138.43

代码清单 4.3.1 柱状图

```
import pandas as pd

import numpy as np

from plotnine import *


''' 总造价画柱状图 '''
df=pd.read_excel(' 造价汇总 .xlsx',sheet_name=0)


df=df.sort_values(by=' 平方米造价 ', ascending=False)
print(df)
```

```
mydata=pd.melt(df, id_vars=' 项目名称 ',value_name=" 平方米造价 ")# 数据结
```
构已经变为项目名称、variable、value，通过 value_name 把 value 改为平方米
造价

```
print(mydata)
```

```
#mydata[' 项目名称 ']=pd.Categorical(mydata[' 项目名称 '],ordered=True, categories
=mydata[' 项目名称 '])
```

```
mydata[' 项目名称 ']=mydata[' 项目名称
```

```
'].astype(pd.CategoricalDtype(categories=mydata[' 项目名称
```

```
'],ordered=True))
```

```
print(mydata[' 项目名称 '])
```

```
base_plot=(ggplot(mydata,aes(' 项目名称 ',' 平方米造价 '))# 因为前面
```
value_name 把 value 改为平方米造价，所以此处可以使用平方米造价

```
+geom_bar(stat = "identity", width =
```

```
0.8,colour="black",size=0.25,fill="#FC4E07",alpha=1)
```

```
+ylim(0, 3600)
```

```
+labs(title=" 总造价画柱状 ",x=' 项目名称 ',y=' 平方米造价（元 /
```

```
m$\mathregular{^2}$）',size=20,family="SimSun")
```

```
+theme(plot_title=element_text(size=20,face="plain",color="black",family="SimSun"),
```

```
legend_title=element_text(size=20,face="plain",color="black",family="SimSun"),
```

```
legend_text=element_text(size=18,face="plain",color="black",family="SimSun"),
```

```
axis_title=element_text(size=20,face="plain",color="black",family="SimSun"),
        axis_text =
```

```
element_text(size=18,face="plain",color="black",family="SimSun"),
```

```
            aspect_ratio =1.15,
            figure_size = (6.5, 6.5),
            dpi = 50
            )
        )
print(base_plot)


"' 造价审核对比画柱状图 "'
df=pd.read_excel(' 造价汇总 .xlsx',sheet_name=3)
df=df.sort_values(by=' 送审平方米造价 ', ascending=False)
#print(df)
mydata=pd.melt(df, id_vars=' 项目名称 ',var_name=" 类型 ",value_name=" 平方
米造价 ")# 数据结构已经变为项目名称、variable、value，通过 value_name 把
value 改为平方米造价
#print(mydata)
mydata[' 项目名称 ']=pd.Categorical(mydata[' 项目名称 '],ordered=True, categories
=df[' 项目名称 '])# 此处是 df 不是 mydata


base_plot=(ggplot(mydata,aes(x=' 项目名称 ',y=' 平方米造价 ',fill=' 类型 '))
+geom_bar(stat="identity", color="black", position='dodge',width=0.7,size=0.25)
+scale_fill_manual(values=["#00AFBB", "#FC4E07", "#E7B800"])
+ylim(0, 3600)
+labs(title = " 造价审核对比画柱状图 ",x=' 项目名称 ',y=' 平方米造价（ 元 /m$\ma
thregular{^2}$ ） ',size=20,family="SimSun")
+theme(plot_title=element_text(size=20,face="plain",color="black",family="SimS
un"),
```

legend_title=element_text(size=20,face="plain",color="black",family="SimSun"),

legend_text=element_text(size=18,face="plain",color="black",family="SimSun"),

　　　axis_title=element_text(size=20,face="plain",color="black",family="SimSun"),

　　　axis_text =

element_text(size=18,face="plain",color="black",family="SimSun"),

　　　legend_background=element_blank(),

　　　legend_position=(0.75,0.80),

　　　aspect_ratio =1.15,

　　　figure_size = (6.5, 6.5),

　　　dpi = 50

　　　)

)

print(base_plot)

''' 二类费用画柱状图 '''

df=pd.read_excel(' 造价汇总 .xlsx',sheet_name=1)

df=df.sort_values(by=' 平方米造价 ', ascending=False)

#print(df)

mydata=pd.melt(df, id_vars=' 项目名称 ',value_name=" 平方米造价 ")# 数据结构

已经变为项目名称、variable、value，通过 value_name 把 value 改为平方米造价

#print(mydata)

mydata[' 项目名称 ']=pd.Categorical(mydata[' 项目名称 '],ordered=True, categories

```
=mydata[' 项目名称 '])
base_plot=(ggplot(mydata,aes(' 项目名称 ',' 平方米造价 '))# 因为前面
value_name 把 value 改为平方米造价，所以此处可以使用平方米造价
+geom_bar(stat = "identity", width =
0.8,colour="black",size=0.25,fill="#FC4E07",alpha=1)
+ylim(0, 90)
+labs(title = " 二类费用画柱状图 ",x=' 项目名称 ',y=' 平方米造价（元
/m$\mathregular{^2}$）',size=20,family="SimSun")
+theme(plot_title=element_text(size=20,face="plain",color="black",family
="SimSun"),

legend_title=element_text(size=20,face="plain",color="black",family="SimSun"),

legend_text=element_text(size=18,face="plain",color="black",family="SimSun"),

axis_title=element_text(size=20,face="plain",color="black",family="SimSun"),
        axis_text =
element_text(size=18,face="plain",color="black",family="SimSun"),
        aspect_ratio =1.15,
        figure_size = (6.5, 6.5),
        dpi = 50
        )
)
print(base_plot)


''' 含钢量画条状图 '''
df=pd.read_excel(' 造价汇总 .xlsx',sheet_name=2)
```

```
df=df.sort_values(by=' 含钢量 (kg/m2)', ascending=True)

df[' 项目名称 ']=df[' 项目名称 '].astype(pd.CategoricalDtype(categories= df[' 项目
名称 '],ordered=True))

base_plot=(ggplot(df,aes(' 项目名称 ',' 含钢量 (kg/m2)'))+

    geom_bar(stat="identity", color="black",

width=0.6,fill="#FC4E07",size=0.25) +#"#00AFBB"

    #scale_fill_manual(values=brewer.pal(9,"YlOrRd")[c(6:2)])+

    coord_flip()+# 不加就是柱状图

    labs(title = " 含钢量柱状图 ",y=' 含钢量（kg/m$\mathregular{^2}$）',x=' 项目
名称 ',size=20,family="SimSun")+


theme(plot_title=element_text(size=20,face="plain",color="black",family="SimSun"),


        axis_title=element_text(size=20,face="plain",color="black",family="SimSun"),

        axis_text =

element_text(size=18,face="plain",color="black",family="SimSun"),


legend_title=element_text(size=20,face="plain",color="black",family="SimSun"),

        legend_position = "right",

        aspect_ratio =1.15,

        figure_size = (6.5, 6.5),

        dpi = 50

    ))

print(base_plot)
```

程序运行结果见图4.3-1。

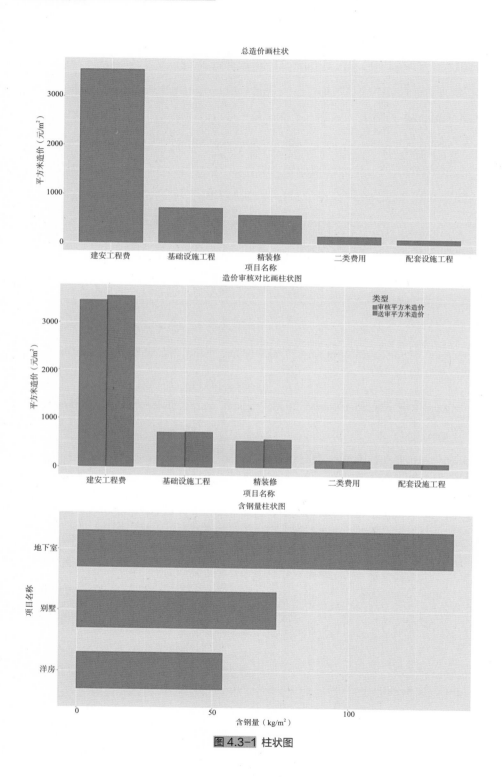

图 4.3-1 柱状图

运用表4.3-5中数据画堆积柱状图。

结构工程造价审核对比　　　　　　表 4.3-5

项目	送审价（元）	审核价（元）
基坑开挖及支护工程	17190983.4	17626072.27
锚杆与桩基工程	5189431.97	3661492.82
土建结构（地上）工程	8980828.6	8145353.3
土建结构（地下）工程	37341745.8	36341745.82
土建结构	68702989.8	65774664.21

代码清单 4.3.2　堆积柱状图

```
import pandas as pd
import numpy as np
from plotnine import *


#-----------------------(a) 堆积柱形图 -----------------------
df=pd.read_csv(' 堆积柱状图 .csv')
Sum_df=df.iloc[:,1:].apply(lambda x: x.sum(),
axis=0).sort_values(ascending=False)# 计算每列合计数
meanRow_df=df.iloc[:,1:].apply(lambda x: x.mean(), axis=1)# 计算每行的平均数
Sing_df=df[' 项目 '][meanRow_df.sort_values(ascending=True).index]# 对平均数
进行排序，取项目名称
mydata=pd.melt(df,id_vars=' 项目 ',value_name=' 造价（元）')
# 将宽数据变成长数据
#pd.melt(frame, id_vars=None, value_vars=None, var_name=None,
```

value_name='value', col_level=None)

#id_vars：不需要转换的列名

#value_name='value'

mydata[' 项目名称 ']=mydata[' 项目 '].astype(pd.CategoricalDtype(categories=Sing_df,ordered=True))# 对项目按平均数排序

mydata[' 类型 ']=mydata['variable'].astype(pd.CategoricalDtype(categories=Sum_df.index,ordered=True))# 对类型按合计数排序

base_plot=(ggplot(mydata,aes(x=' 项目名称 ',y=' 造价（元）',fill=' 类型 '))

+geom_bar(stat="identity", color="black",

position='stack',width=0.7,size=0.25)

+scale_fill_brewer(palette="YlOrRd")

+ylim(0, 140000000)# 下限位置应该从 0 开始

+labs(title=" 土建结构造价 ")

+theme(plot_title=element_text(size=30,face="plain",color="black",family="SimSun"),

legend_title=element_text(size=24,face="plain",color="black",family="SimSun"),

legend_text=element_text(size=24,face="plain",color="black",family="SimSun"),

axis_title=element_text(size=26,face="plain",color="black",family="SimSun"),

axis_text =

element_text(size=24,face="plain",color="black",family="SimSun"),

legend_background=element_blank(),

legend_position=(0.95,0.75),# 标注的位置（x,y）

```
        aspect_ratio =1.15,

        figure_size = (6.5, 6.5),

        dpi = 50

        )

)

print(base_plot)
```

　　　　　#----------------------(b) 百分比堆积柱形图 ----------------------

```
df=pd.read_csv(' 堆积柱状图 .csv')

SumCol_df=df.iloc[:,1:].apply(lambda x: x.sum(), axis=0)# 计算每列合计数

df.iloc[:,1:]=df.iloc[:,1:].apply(lambda x: x/SumCol_df, axis=1)

meanRow_df=df.iloc[:,1:].apply(lambda x: x.mean(), axis=1)# 计算每行百分比的
平均数

Per_df=df.iloc[meanRow_df.idxmax(),1:].sort_values(ascending=False)# 确定项目
各自最大百分比

Sing_df=df[' 项目 '][meanRow_df.sort_values(ascending=True).index]# 对百分比
平均数进行排序，取项目名称

mydata=pd.melt(df,id_vars=' 项目 ',value_name=' 百分比（%）')

mydata[' 项目名称 ']=mydata[' 项目 '].astype(pd.CategoricalDtype(categories=Sin
g_df,ordered=True))# 对项目按百分比平均数排序

mydata[' 类型 ']=mydata['variable'].astype(pd.CategoricalDtype(categories=Per_
df.index,ordered=True))# 对类型按各自最大百分比排序


base_plot=(ggplot(mydata,aes(x=' 项目名称 ',y=' 百分比（%）',fill=' 类型 '))

+geom_bar(stat="identity", color="black", position='fill',width=0.7,size=0.25)

+scale_fill_brewer(palette="GnBu")
```

```
+labs(title = " 土建结构造价比例 ")
+theme(plot_title=element_text(size=30,face="plain",color="black",family="SimS
un"),

legend_title=element_text(size=24,face="plain",color="black",family="SimSun"),

legend_text=element_text(size=24,face="plain",color="black",family="SimSun"),

axis_title=element_text(size=26,face="plain",color="black",family="SimSun"),
    axis_text =
element_text(size=24,face="plain",color="black",family="SimSun"),
    aspect_ratio =1.15,
    figure_size = (6.5, 6.5),
    dpi = 50
    )
)
print(base_plot)
```

程序运行结果见图4.3-2。

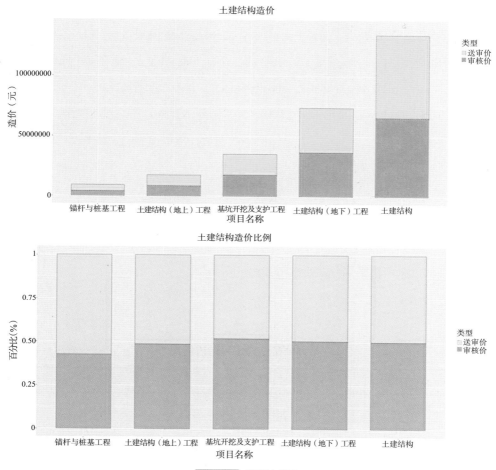

图 4.3-2 堆积柱状图

4.4　条形图

　　和动态散点图、动态折线图一样，动态条形图也要用到FuncAnimation()函数，但是条形图和散点图、折线图最大的区别在于，新图是在原图基础上的不断更新，散点图、折线图是在原图上的增加。为实现更新的效果，程序中引入了DataFrame.eq()函数，通过时间参数year找到第一部分对应的name和value、第二部分对应的name和value，显示完第一部分再用第二部分覆盖，然后是第三部分覆盖

第二部分，如此循环。

这里需重点了解一下pd.merge()函数，pd.merge(left, right, how='inner', on=None, left_on=None, right_on=None, left_index=False, right_index=False, sort=False, suffixes=('_x', '_y'), copy=True, indicator=False, validate=None,)，其中，参数left和right，pd.merge()只能用于两个表的拼接，而且通过参数名称也能看出连接方向是左右拼接，一个左表一个右表，而且参数中没有指定拼接轴的参数，所以pd.merge()不能用于表的上下拼接。如果需要拼接的两个表中，有相同的列信息，那么进行拼接的时候即使不指定以哪个字段作为主键函数也会默认用信息相同的列做主键对两个表进行拼接。参数how默认是inner（内连接），内连接是只将两个表主键一致的信息拼接到一起；outer（外连接）是保留两个表的所有信息，拼接的时候遇到标签不能对齐的部分，用Nan进行填充。参数on确定哪个字段作为主键。

运用表4.4-1数据画动态条形图。

某办公楼分部工程造价情况   表 4.4-1

name（项目名称）	group（组名）	year（年份）	value（元/m², 造价）
桩基工程	建筑工程	2010	190
基坑围护	建筑工程	2010	800
地下结构	建筑工程	2010	1610
地下建筑	建筑工程	2010	610
地上结构	建筑工程	2010	550
地上建筑	建筑工程	2010	400
钢结构	建筑工程	2010	1120
玻璃幕墙	建筑工程	2010	1350
精装修	建筑工程	2010	1400
给水排水	安装工程	2010	245
通风空调	安装工程	2010	755

续表

name（项目名称）	group（组名）	year（年份）	value（元/m²，造价）
强电工程	安装工程	2010	845
智能化	安装工程	2010	370
消防工程	安装工程	2010	350
绿化工程	室外工程	2010	60
道路广场	室外工程	2010	125
标志标识	室外工程	2010	33
桩基工程	建筑工程	2011	200
基坑围护	建筑工程	2011	810
……	……	……	……

代码清单 4.4.1　动态条形图

```
import pandas as pd

import matplotlib as mpl

import numpy as np

import matplotlib.pyplot as plt

import matplotlib.ticker as ticker

import matplotlib.animation as animation

#from IPython.display import HTML

import seaborn as sns

import matplotlib.pyplot as plt

plt.rcParams['font.sans-serif']=['SimHei']  # 用来正常显示中文标签

plt.rcParams['axes.unicode_minus']=False # 用来正常显示负号

df = pd.read_csv(' 条形图动图数据 .csv',usecols=['name', 'group', 'year', 'value'])

print(df)
```

```
current_year = 2020

dff = (df[df['year'].eq(current_year)].sort_values(by='value', ascending=True).
head(10))

print(dff)


fig, ax = plt.subplots(figsize=(15, 8))

ax.barh(dff['name'], dff['value'])

categories=np.unique(df.group)

color = sns.husl_palette(len(categories),h=15/360, l=.65, s=1).as_hex()

colors = dict(zip(categories.tolist(),color))

group_lk = df.set_index('name')['group'].to_dict()

print(colors)


fig, ax = plt.subplots(figsize=(15, 8))

dff = dff[::-1]  # 从上到下翻转值

# 将颜色值传递给 'color='

ax.barh(dff['name'], dff['value'], color=[colors[group_lk[x]] for x in dff['name']])

# 遍历这些值来绘制标签和值

for i, (value, name) in enumerate(zip(dff['value'], dff['name'])):

    ax.text(value, i, name, ha='right') # 名字

    ax.text(value, i-.25, group_lk[name], ha='right') 组名

    ax.text(value, i, value, ha='left')  # 值

# 在画布右方添加年份

ax.text(1, 0.4, current_year, transform=ax.transAxes, size=46, ha='right')


fig, ax = plt.subplots(figsize=(8.5, 7))
```

```
def draw_barchart(year):
    N_Display=10
    year1=int(year)
    year2=year1+1
    location_x=year-year1
    dff1=df.loc[df['year'].eq(year1),:].sort_values(by='value', ascending=False)
    dff1['name']=pd.Categorical(dff1['name'],categories=dff1['name'], ordered=
True)
    dff1['order1']=dff1['name'].values.codes
    dff2=df.loc[df['year'].eq(year2),:].sort_values(by='value', ascending=False)
    dff2['name']=pd.Categorical(dff2['name'],categories=dff2['name'],
ordered=True)
    dff2['order2']=dff2['name'].values.codes

dff=pd.merge(left=dff1,right=dff2[['name','order2','value']],how="outer",on="na
me")
    dff.loc[:,['value_x','value_y']] =
dff.loc[:,['value_x','value_y']] .replace(np.nan, 0)

    dff.loc[:,['order1','order2']]=dff.loc[:,['order1','order2']].replace(np.
    nan,dff['order1'].max()+1)
    dff['group']=[group_lk[x] for x in dff.name]

dff['value']=dff['value_x']+(dff['value_y']-dff['value_x'])*location_x#/N_Interval

dff['x']=N_Display-(dff['order1']+(dff['order2']-dff['order1'])*location_x)#/N_
```

Interval)

```
    dx = dff['value'].max() / 200
    dff['text_y']=dff['value']-dx
    dff['value']=dff['value'].round(1)
    dff=dff.iloc[0:N_Display,:]


    ax.clear()
    plt.barh(dff['x'], dff['value'], color=[colors[group_lk[x]] for x in dff['name']])
    dx = dff['value'].max() / 200
    for i, (x,value, name) in enumerate(zip(dff['x'],dff['value'], dff['name'])):
        plt.text(value-dx, x, name, size=14, weight='bold', ha='right', va='bottom')

plt.text(value-dx,x-.25,group_lk[name],size=10,color='#444444',ha='right',va='base
line')
        plt.text(value+dx, x, f'{value:,.0f}',size=14, ha='left', va='center')
    #polished styles


    plt.text(0.9,0.2,year1,transform=ax.transAxes,color='#777777',size=60,ha='right',
    weight=800)
    plt.text(0, -0.1, ' 平 方 米 造 价（元 /m$\mathregular{^2}$）', transform=ax.
transAxes, size=12, color='#777777')


ax.xaxis.set_major_formatter(ticker.StrMethodFormatter('{x:,.0f}'))
    #ax.xaxis.set_ticks_position('top')
    ax.tick_params(axis='x', colors='#777777', labelsize=12)
```

```
    ax.tick_params(axis='y', colors='#777777', labelsize=12)

    ax.set_xlim(20,2300)

    ax.set_ylim(0.5,N_Display+0.5)

    ax.set_xticks(ticks=np.arange(20,2300,500))

    ax.set_yticks(ticks=np.arange(N_Display,0,-1))

    ax.set_yticklabels(labels=np.arange(1,N_Display+1))

    ax.margins(0, 0.01)

    ax.grid(which='major', axis='x', linestyle='--')

    ax.set_axisbelow(True)

     ax.text(0, 1.05, '2010 ~ 2020 年办公楼各分部平方米造价变化 ', transform=
ax.transAxes, size=17, weight='light', ha='left')

    plt.box(False)
draw_barchart(2016)


fig, ax = plt.subplots(figsize=(8, 7))

plt.subplots_adjust(left=0.12, right=0.98, top=0.85, bottom=0.1)

animator=animation.FuncAnimation(fig,draw_barchart,frames=np.arange(2010,202
0,0.25),interval=100)

#HTML(animator.to_jshtml())

animator.save(' 办公楼平方米造价变化 .gif', writer='pillow')# 存储为 gif 动图
```

程序运行结果见图4.4-1。

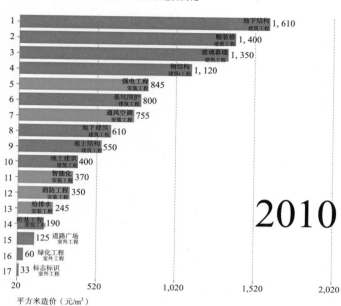

图 4.4-1 动态条形图

4.5 坡度图

坡度图是折线图的另一种表现形式，可以较好的展示两个时间点或多个时间点之间的变量趋势。对于造价数据来说，时间可以是一种选择，还可以针对不同阶段的数据进行比较。geom_segment()函数用于绘制两点（geom_point()完成点）之间的直线。

运用表4.3-5中的送审价和审核价数据，生成坡度图。

代码清单 4.5.1 坡度图

```
import pandas as pd
import numpy as np
```

```
from plotnine import *

df=pd.read_csv(' 坡度图 .csv',encoding='utf-8')#csv 文件存储时选择 utf-8 格式
left_label=df.apply(lambda x: x[' 项目 ']+','+ str(x[' 送审价 ']),axis=1)
right_label=df.apply(lambda x: x[' 项目 ']+','+ str(x[' 审核价 ']),axis=1)
df['class']=df.apply(lambda x: "red" if x[' 审核价 ']-x[' 送审价 ']<0 else "green",axis=1)
print(df)


base_plot=(ggplot(df) +
    geom_segment(aes(x=1, xend=2, y=' 送 审 价 ', yend=' 审 核 价 ', color='class'),
size=.75, show_legend=False) +  # 连接线
    geom_vline(xintercept=1, linetype="solid", size=.1) + # 送审价的垂直直线
    geom_vline(xintercept=2, linetype="solid", size=.1) + # 审核价的垂直直线
    geom_point(aes(x=1, y=' 送审价 '), size=3,shape='o',fill="grey",color="black") +
# 送审价的数据点
    geom_point(aes(x=2, y=' 审核价 '), size=3,shape='o',fill="grey",color="black") +
# 审核价的数据点
    xlim(.5, 2.5) )
# 添加文本信息
base_plot=( base_plot + geom_text(label=left_label, y=df[' 送审价 '], x=0.95, size
=12,ha='right',family="SimSun")#family="SimSun" 解决字体问题
+ geom_text(label=right_label, y=df[' 审核价 '], x=2.05, size=12,ha='left',family="
SimSun")
+ geom_text(label=" 送审价（元）", x=1, y=1.03*(np.max(np.max(df[[' 送审价 ','
审核价 ']]))),family="SimSun",  size=12)
+ geom_text(label=" 审核价（元）", x=2, y=1.03*(np.max(np.max(df[[' 送审价 ','
```

```
审核价 ']]))),family="SimSun", size=12)
+theme_void()
+labs(title = " 造价审核对比坡度图 ")
+
theme(plot_title=element_text(size=18,face="plain",color="black",family="SimS
un"),
    aspect_ratio =1.5,
    figure_size = (5, 6),
     dpi = 100
  )
)
print(base_plot)
```

程序运行结果见图4.5-1。

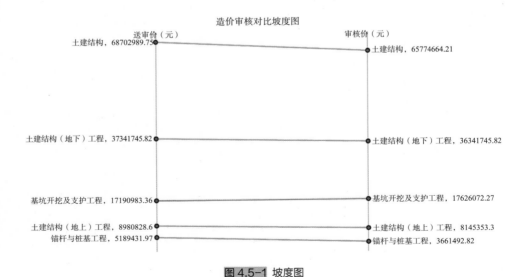

图 4.5-1 坡度图

4.6　克利夫兰点图

克里夫兰点图其实包含三种图形：棒棒糖图、克利夫兰点图和哑铃图。其中，棒棒糖图与柱状图、条形图类似，就是矩形变成了线条，可以增加展示内容；棒棒糖图去掉线就是克利夫兰点图；两个克利夫兰点图再加连线，就是哑铃图。克利夫兰点图基础的函数还是geom_segment()函数和geom_point()函数。运用4.3中的送审价和审核价数据，生成克利夫兰点图［图（a）、图（b）］。为更好地展示哑铃图，我们采用人工价格绘图（表4.6-1）。

人工价格　　　　　　　　　　　　　　　　　表 4.6-1

工种	价格下限（元/工日）	价格上限（元/工日）
普工	146	181
打桩工	165	222
制浆工	159	206
注浆工	165	214
模板工	172	242
钢筋工	170	217
混凝土工	156	202
架子工	150	204
……	……	……

代码清单 4.6.1　克里夫兰点图

```
import pandas as pd

import numpy as np

from plotnine import *


#----------------------------(a) 棒棒糖图 ----------------------------
df=pd.read_csv(' 克里夫兰点图 .csv')
```

```
#df['sum']=df.iloc[:,1:3].apply(np.sum,axis=1)
df[' 送审价 ']=df.iloc[:,1]
#print(df['sum'])
df=df.sort_values(by=' 送审价 ', ascending=True)
print(df)
df[' 项目名称 ']=df[' 项目 '].astype(pd.CategoricalDtype(categories= df[' 项目 '],
ordered=True))


base_plot=(ggplot(df, aes(' 送审价 ', ' 项目名称 ')) +
    geom_segment(aes(x=0, xend=' 送审价 ',y=' 项目名称 ',yend=' 项目名称 '))+
    geom_point(shape='o',size=3,colour="black",fill="#FC4E07")+
    labs(title = " 送审价棒棒糖图 ",x=' 送审价（元）',y=' 项目名称 ')+


theme(plot_title=element_text(size=18,face="plain",color="black",family="SimSun"),


axis_title=element_text(size=18,face="plain",color="black",family="SimSun"),
    axis_text =
element_text(size=16,face="plain",color="black",family="SimSun"),
    #legend_title=element_text(size=14,face="plain",color="black"),
    aspect_ratio =1.25,
    figure_size = (8, 4),
    dpi = 61
 ))


print(base_plot)
```

```
            #-----------------------(b) 克利夫兰点图 -----------------------
base_plot=(ggplot(df, aes(' 送审价 ', ' 项目名称 ')) +
    geom_point(shape='o',size=3,colour="black",fill="#FC4E07")+
    labs(title = " 送审价克利夫兰点图 ",x=' 送审价（元）',y=' 项目名称 ')+


theme(plot_title=element_text(size=18,face="plain",color="black",family="SimSun"),


axis_title=element_text(size=18,face="plain",color="black",family="SimSun"),
    axis_text =
element_text(size=16,face="plain",color="black",family="SimSun"),
    #legend_title=element_text(size=14,face="plain",color="black"),
    aspect_ratio =1.25,
    figure_size = (8, 4),
    dpi = 61
  ))


print(base_plot)


            #-----------------------(c) 哑铃图 -----------------------
discfile = '../bq/ 人工价格（哑铃图）.xlsx'
df = pd.read_excel(discfile)


df=df.sort_values(by=' 价格下限 ', ascending=True)
mydata=pd.melt(df,id_vars=' 工种 ',value_name=' 工日（元）')
mydata[' 工种名称 ']=mydata[' 工种 '].astype(pd.CategoricalDtype(categories= df['
工种 '],ordered=True))
```

```
mydata[' 类型 ']=mydata['variable']

base_plot=(ggplot(mydata, aes(' 工日（元）',' 工种名称 ',fill=' 类型 ')) +
    geom_line(aes(group = ' 工种名称 ')) +
     geom_point(shape='o',size=3,colour="black")+
    scale_fill_manual(values=("#00AFBB", "#FC4E07","#36BED9"))+
    labs(title = " 工种价格哑铃图 ")+

theme(plot_title=element_text(size=18,face="plain",color="black",family="SimSun"),

axis_title=element_text(size=18,face="plain",color="black",family="SimSun"),
    axis_text =
element_text(size=16,face="plain",color="black",family="SimSun"),

legend_title=element_text(size=16,face="plain",color="black",family="SimSun"),
legend_text =
element_text(size=16,face="plain",color="black",family="SimSun"),
    legend_background = element_blank(),
    legend_position = (0.75,0.2),# 图例位置
    aspect_ratio =1.25,
    figure_size = (8, 4),
     dpi = 61
    ))


print(base_plot)
```

程序运行结果见图4.6-1。

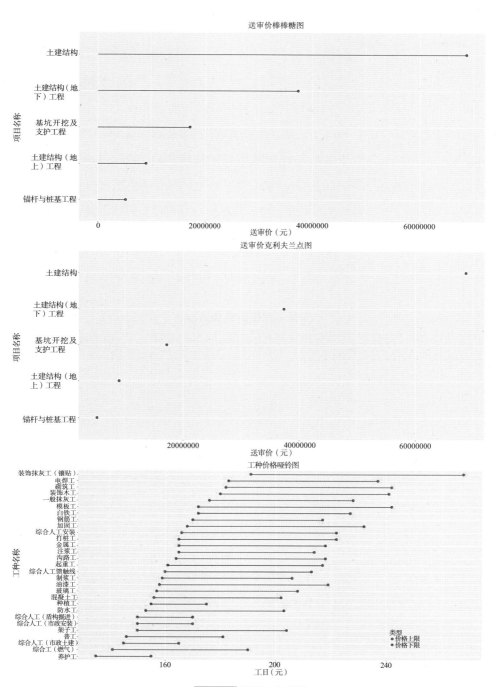

图 4.6-1 克利夫兰点图

4.7　雷达图

雷达图是以从同一点开始的轴上表示的三个或更多个定量变量的二维图表的形式，显示多变量数据的图形方法。轴的相对位置和角度通常是无信息的。雷达图也称为网络图，蜘蛛图，星图，蜘蛛网图。fig.add_axes([0.1, 0.1, 0.6, 0.6], polar=True)用于设置图片大小及定义图片为极坐标，set_theta_offset方法用于设置角度偏离。当set_theta_direction()的参数值为-1，即方向为顺时针，set_rlabel_position方法用于设置极径标签显示位置。angles += angles[:1]可以满足极坐标系闭合数据的需要。

运用表4.7-1中数据画雷达图。

安装工程造价组成情况　　　　　　　　表 4.7-1

序号	安装工程	项目 A（元 /m²）	项目 B（元 /m²）
1	给水排水	104	150
2	消防水工程	137	210
3	通风空调	724	450
4	变配电	173	140
5	动力照明	382	200
6	弱电	850	600
7	电梯工程	156	170
8	标识系统	87	80

代码清单 4.7.1　雷达图

```
import numpy as np

import matplotlib.pyplot as plt

import pandas as pd
```

```
from math import pi

from matplotlib.pyplot import figure, show, rc

discfile = '../bq/ 安装工程雷达图 .xlsx'

df = pd.read_excel(discfile)

N = df.shape[0]

angles = [n / float(N) * 2 * pi for n in range(N)]

print(angles)

angles += angles[:1]# 极坐标下需要闭合数据


fig = figure(figsize=(4,4),dpi =90)

ax = fig.add_axes([0.1, 0.1, 0.6, 0.6], polar=True)

ax.set_theta_offset(pi/2)

ax.set_theta_direction(-1)

ax.set_rlabel_position(0)

ax.set_title(" 安装工程指标 \n",fontproperties="SimHei",fontsize=16)

plt.xticks(angles[:-1], df[' 安装工程 '], color="black", size=12)

#plt.ylim(0,60)

#plt.title(label=' 安装工程指标 ',loc='left',size=14)

plt.yticks(np.arange(80,1000,200),color="black", size=12,verticalalignment='center',
horizontalalignment='right')

plt.grid(which='major',axis ="x", linestyle='-', linewidth='0.5', color='gray',alpha=0.5)

plt.grid(which='major',axis ="y", linestyle='-', linewidth='0.5', color='gray',alpha=0.5)


values=df[' 项目 A( 元 /m2)'].values.flatten().tolist()

values += values[:1]

ax.fill(angles, values, '#7FBC41', alpha=0.3)
```

```
ax.plot(angles, values, marker='o', markerfacecolor='#7FBC41', markersize=8,
color='k', linewidth=0.25,label=" 项目 A( 元 /m$\mathregular{^2}$)")


values=df[' 项目 B( 元 /m2)'].values.flatten().tolist()
values += values[:1]
ax.fill(angles, values, '#C51B7D', alpha=0.3)
ax.plot(angles, values, marker='o', markerfacecolor='#C51B7D', markersize=8,
color='k', linewidth=0.25,label=" 项目 B( 元 /m$\mathregular{^2}$)")
plt.legend(loc="center",bbox_to_anchor=(1.25, 0, 0.2, 1))


plt.rcParams['font.sans-serif']=['SimHei'] # 正常显示中文标签
plt.rcParams['axes.unicode_minus'] = False # 正常显示负号
plt.show()
```

程序运行结果见图4.7-1。

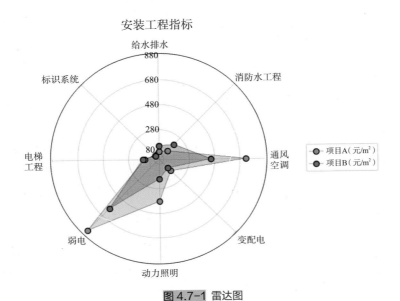

安装工程指标

图 4.7-1 雷达图

4.8 小提琴图

小提琴图可以用作大数据分析，离散点在图中可以一目了然。在小提琴图（箱形图）中，箱体中的黑线代表中位数，箱体的范围是下四分位点到上四分位点，贯穿箱体的黑线代表95%的置信区间。外部形状为核密度估值，可以用来估计未知的密度函数。

运用表4.8-1中数据画小提琴图。

相关清单价格情况

表 4.8-1

编号	名称	单位	数量	单价
010502001	矩形柱 C60	m³	319.79	912.29
010502001	矩形柱 C35	m³	3150.73	681.28
010502001	矩形柱	m³	12.77	743.38
010502001	矩形柱	m³	0.96	517.56
010502001	矩形柱（C50）	m³	906.43	871.14
010502001	矩形柱	m³	766	538.58
010502001	矩形柱 C55	m³	356.04	885.37
010502001	矩形柱 C50	m³	288.73	745.8
010502001	矩形柱	m³	57.14	551.74
010502001	矩形柱	m³	4.61	743.38
010502001	矩形柱（C40）	m³	349.82	849.26
010502001	矩形柱	m³	1353	656.84
010502001	矩形柱 C35	m³	0.74	795.65
010502001	矩形柱	m³	86.8	551.74
......	......	......	......	......

代码清单 4.8.1　小提琴图

```
import pandas as pd

from plotnine import *

discfile = '../bq/ 小提琴图 .xlsx'

df = pd.read_excel(discfile,dtype={' 编号 ':str})#dtype 定义数据是字符型

data=list(set(df[' 编号 ']))


print(data)

print(df[' 编号 '])

df[' 编号 ']=df[' 编号 '].astype(pd.CategoricalDtype(categories=data,ordered=True))


        #-----------------------(a) 小提琴图（箱形图）-------------------------

violin_plot=(ggplot(df,aes(x=' 编号 ',y=" 单价 ",fill=" 编号 "))

+geom_violin(show_legend=False)

+geom_boxplot(fill="white",width=0.1,show_legend=False)# 箱体

+scale_fill_hue(s = 0.90, l = 0.65, h=0.0417,color_space='husl')

+labs(title=' 混凝土工程价格 ',x=' 清单编号 ',y=' 价格（元 /m$\mathregular
{^3}$）')

+theme_matplotlib()

+theme(#legend_position='none',


text=element_text(size=16,face="plain",color="black",family="SimSun"),# 表头文
字设置


axis_title=element_text(size=14,face="plain",color="black",family="SimSun"),
    axis_text =
```

```
element_text(size=14,face="plain",color="black",family="SimSun"),
     aspect_ratio =1.05,
     dpi=100,
     figure_size=(4,4)))
print(violin_plot)
#violin_plot.save("violin_plot.pdf")
```

　　　　　　　#----------------------(b) 小提琴图（密度图）----------------------

```
violin_plot=(ggplot(df,aes(x=' 编号 ',y=" 单价 ",fill=" 编号 "))
+geom_violin(show_legend=False)
+geom_jitter(fill="black",width=0.3,size=1,stroke=0.1,show_legend=False)# 数据点
+scale_fill_hue(s = 0.90, l = 0.65, h=0.0417,color_space='husl')
+labs(title=' 混凝土工程价格 ',x=' 清单编号 ',y=' 价格（元 /m$\mathregular{^3}$）')
+theme_matplotlib()
+theme(#legend_position='none',

text=element_text(size=16,face="plain",color="black",family="SimSun"),# 表头文
字设置

axis_title=element_text(size=14,face="plain",color="black",family="SimSun"),
     axis_text =
element_text(size=14,face="plain",color="black",family="SimSun"),
     aspect_ratio =1.05,
     dpi=100,
     figure_size=(4,4)))
```

```
print(violin_plot)
#violin_plot.save("violin_plot2.pdf")
```

程序运行结果见图4.8-1、图4.8-2。

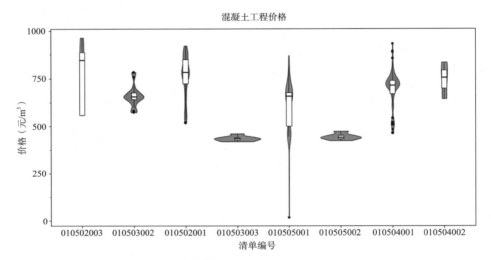

图 4.8-1 小提琴图（箱形图）

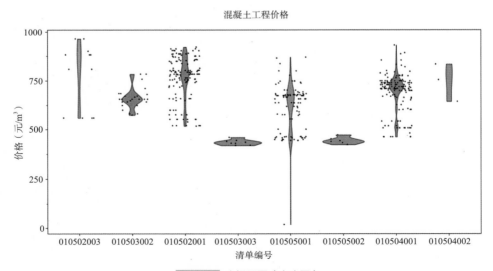

图 4.8-2 小提琴图（密度图）

根据图4.8-1、图4.8-2所示，可以很方便地看到清单010505001的小提琴图中有一个异常点（产生了很长的下影线）存在。通过检查，该清单单价存在问题。同时，我们也发现在已有项目中清单010504002（弧形墙）、010503003（异形梁）、010505002（无梁板）使用不多。

4.9　热力图

热力图常用于展示一组变量的相关系数矩阵，在展示列联表的数据分布上也有较大的用途，通过热力图我们可以非常直观地感受到数值大小的差异状况。利用热力图，还可以看数据表里多个特征两两的相似度。

运用表4.9-1中数据绘制热力图。

轨道交通站点技术经济情况　　　　　　　　　　表 4.9-1

站点名称	层数	总建筑面积（m²）	长度（m）	宽度（m）	高度（m）	顶板覆土（m）	底板埋深（m）	土建造价（元/m²）
航头站	2	30083.00	619.63	19.60	13.41	3.05	16.46	32931.77
鹤立西路站	2	11182.00	205.00	19.60	13.61	3.00	16.61	13739.90
下盐路站	2	12403.80	295.10	19.60	13.80	3.05	16.85	15118.00
沈梅路站	2	18893.00	306.10	19.60	13.61	2.90	16.51	20604.92
繁荣路站	2	11764.00	188.65	19.60	13.11	3.38	16.49	13531.12
……								

代码清单 4.9.1　热力图

```
import matplotlib.pyplot as plt

import pandas as pd

import seaborn as sns
```

```
from sklearn.preprocessing import scale

sns.set_style("white")
sns.set_context("notebook", font_scale=1.5, rc={'axes.labelsize': 17, 'legend.
fontsize':17, 'xtick.labelsize': 15,'ytick.labelsize': 10})
datafile = '../bq/ 轨交站点热力图 .xlsx'
df = pd.read_excel(datafile,index_col=' 站点名称 ')  # 这个地方的 data 的类型是
DataFrame
df.loc[:,:] = scale(df.values )#scale() 对数据进行标准化（(X-mean)/std 计算时对
每个属性 / 每列分别进行）
print(df)
            #------------------------(a) 热力图 ------------------------
fig=plt.figure(figsize=(7, 7),dpi=80)
plt.rcParams['font.sans-serif']=['SimHei']
plt.rcParams['axes.unicode_minus']=False
sns.heatmap(df,center=0,cmap="RdYlBu_r",linewidths=.15,linecolor='k')
plt.xticks(fontsize=10,rotation=0)
plt.yticks(fontsize=10)
plt.title(' 轨道交通站点热力图 ')
plt.xlabel(" 项目参数 ",fontsize=14)
plt.ylabel(" 站点名称 ",fontsize=14)
#plt.savefig('heatmap2.pdf')
plt.show()
            #------------------------(b) 带层次聚类的热力图 ------------------------
plt.rcParams['font.sans-serif']=['SimHei']
plt.rcParams['axes.unicode_minus']=False
```

```
g=sns.clustermap(df,center=0,cmap="RdYlBu_r",linewidths=.15,linecolor='k',col_
cluster=False)#annot=True,# 默认为 False，当为 True 时，在每个格子写入 data
中数据，格子中字体设置
annot_kws={'size':8,'weight':'normal', 'color':'red'}
ax=g.ax_heatmap
ax.set_xlabel(" 项目参数 ",fontsize=14)
ax.set_ylabel(" 站点名称 ",fontsize=14)
plt.setp(ax.get_xticklabels(),size=10,rotation=0)
plt.setp(ax.get_yticklabels(),size=10)
ax.set_title(' 轨道交通站点聚类热力图 ',fontsize=16)
plt.show()
```

程序运行结果见图4.9-1。

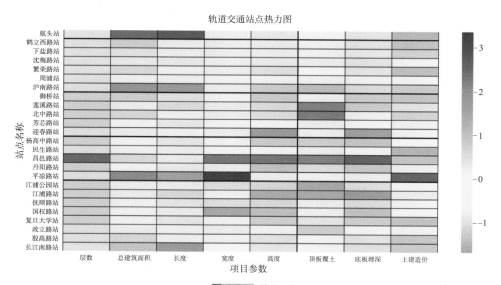

图 4.9-1 热力图

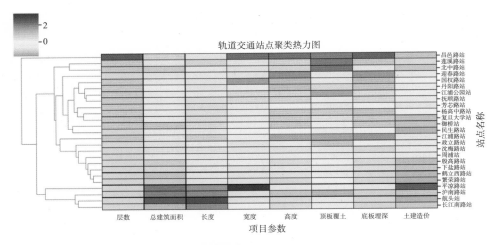

图 4.9-2 聚类热力图

在图 4.9-1、图 4.9-2 中，不同站点之间的技术参数和造价指标以热力图形式呈现，通过聚类可以清晰地看到，技术参数和造价指标接近的站点。

4.10 平行坐标系图

平行坐标系图是一种常用的可视化方法，用于高维几何和多元数据的可视化。

为了表示在高维空间的一个点集，在 N 条平行的线的背景下（一般这 N 条线都竖直且等距），一个在高维空间的点被表示为一条拐点在 N 条平行坐标轴的折线，在第 K 个坐标轴上的位置就表示这条折线在第 K 个属性的值。折线走势"陡峭"与"低谷"，表示在该属性上属性值的变化范围的大小。

标签的分类主要看相同颜色的折线是否集中，若在某个属性上相同颜色折线较为集中，不同颜色有一定的间距，则说明该属性对于预测标签类别有较大的帮助。若某个属性上线条混乱，颜色混杂，则较大可能该属性对于标签类别判定没有价值。

运用表 4.10-1 中数据绘制热力图。

道路工程造价指标情况

表 4.10－1

道路名称	道路宽度 (m)	道路长度 (m)	道路面积 (m²)	道路平米造价 (元)	土石方 (元/m²)	土石方 (万元/km)	地基处理 (元/m²)	地基处理 (万元/km)	机非人 (元/m²)	机非人 (万元/km)	机非人土地 (万元/km)	类型
博园大道北	65.00	1960.00	127400.00	690.44	81.92	794.74	90.14	426.99	353.49	1643.77	2865.50	主干道
官塘路网大学路西段	66.50	1400.00	93100.00	527.65	112.42	813.08	49.33	436.84	259.73	1681.70	2931.62	主干道
大学东路一段	38.00	985.92	37464.96	487.37	115.68	464.62	45.51	249.62	213.98	960.97	1675.21	主干道
南庆支三路	38.00	1380.20	52447.60	919.39	187.34	464.62	113.49	249.62	265.30	960.97	1675.21	次干路
支七路	22.00	263.00	5786.00	632.66	85.87	268.99	94.56	144.52	245.82	556.35	969.86	支路
支二十路	18.00	798.28	14369.04	555.68	34.79	220.08	82.20	118.24	225.97	455.20	793.52	支路
……												

代码清单 4.10.1　平行坐标系图

```python
import pandas as pd

import numpy as np

import matplotlib.pyplot as plt

from pandas.plotting import parallel_coordinates,andrews_curves

from sklearn import preprocessing


datafile = '../bq/ 道路造价指标 .xlsx'

df = pd.read_excel(datafile,index_col=' 道路名称 ')


df_x=df.iloc[:,0:11]

scaler = preprocessing.StandardScaler()

df_x.loc[:,:] = scaler.fit_transform(df_x.values)


#df['Class']=[ "Class1" if d>1000 else "Class2" for d in df[' 机动车＋非机动车道、
人行道＋土石方＋地基处理（万元 /km）']]


df['Class']=df.apply(lambda x: " 主干道 " if x[' 机非人土地 \n（万元 /km）']>1700 else
" 支路 " if x[' 机非人土地 \n（万元 /km）']<=1700 and x[' 机非人土地 \n（万元 /
km）']>1000 else " 次干道 ",axis=1)

df=pd.DataFrame(dict(df_x.loc[:,:],Class=df['Class']))

print(df)


plt.rcParams['font.sans-serif']=['SimHei']

plt.rcParams['axes.unicode_minus']=False
```

```
fig =plt.figure(figsize=(5.5,4.5), dpi=100)

parallel_coordinates(df,'Class',color=["#6495ED","#FF4500","#FFD700"
],linewidth=1)


plt.grid(b=0, which='both', axis='both')


plt.legend(loc="lower left",
        edgecolor='none',facecolor='none',title=' 类型 ')


ax = plt.gca()# 用于获取当前坐标轴的信息
ax.xaxis.set_ticks_position('top')
ax.set_xlabel(" 项目情况 ",fontsize=12)
ax.set_ylabel(" 数据情况 ",fontsize=12)


#plt.setp(ax.get_xticklabels(),size=8,rotation=0)
#plt.setp(ax.get_yticklabels(),size=8)
ax.set_title(' 道路造价指标平行坐标系图 ',fontsize=14)
ax.spines['top'].set_color('none')
ax.spines['bottom'].set_color('none')
plt.show()
```

程序运行结果见图4.10-1。

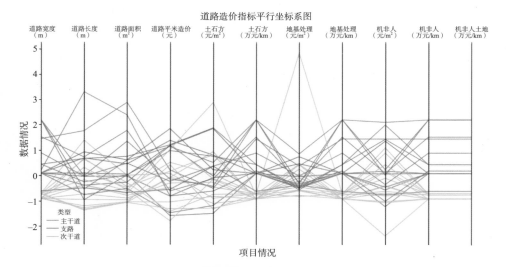

图 4.10-1 平行坐标系图

参考文献

1. Yves Hilpisch. Python金融大数据分析. 北京：人民邮电出版社，2015

2. Wes McKinney. 利用Python进行数据分析. 北京：机械工业出版社，2018

3. 张威. 机器学习从入门到入职. 北京：电子工业出版社，2020

4. Jiawei Han Micheline Kamber Jian Pei. 数据挖掘概念与技术. 北京：机械工业出版社，2012

5. Robert Layton. Python数据挖掘入门与实践. 北京：人民邮电出版社，2016

6. 张良均，谭立云，刘名军，江建明. Python数据分析与挖掘实战（第2版）. 北京：机械工业出版社，2019

7. 张杰. Python数据可视化之美专业图表绘制指南. 北京：电子工业出版社，2020

8. 上海市建筑建材业市场管理总站，上海建科造价咨询有限公司. 建设工程造价指标指数分析标准. 上海：同济大学出版社，2020

9. 上海市建设工程工程量清单数据文件标准

10. 上海市建设工程竣工结算清单文件数据标准

11. 上海市建筑建材业市场管理总站. 建设工程造价数据标准. 上海：同济大学出版社，2019

12. https://zhuanlan.zhihu.com/p/58663947

13. https://blog.csdn.net/u012720552/article/details/84950936

14. https://www.cnblogs.com/llhthinker/p/6719779.html

15. https://blog.csdn.net/wangyibo0201/article/details/51705966

16. https://www.biaodianfu.com/mean-shift.html

17. https://blog.csdn.net/mei86233824/article/details/78908452

18. https://copyfuture.com/blogs-details/20201223160214377mvb3295nqeysd2d

19. https://blog.csdn.net/qq547276542/article/details/77865341/

20. https://zhuanlan.zhihu.com/p/59121403

21. https://blog.csdn.net/qq_41577045/article/details/79844709

22. https://blog.csdn.net/v_july_v/article/details/7624837

23. https://www.python-course.eu/Boosting.php